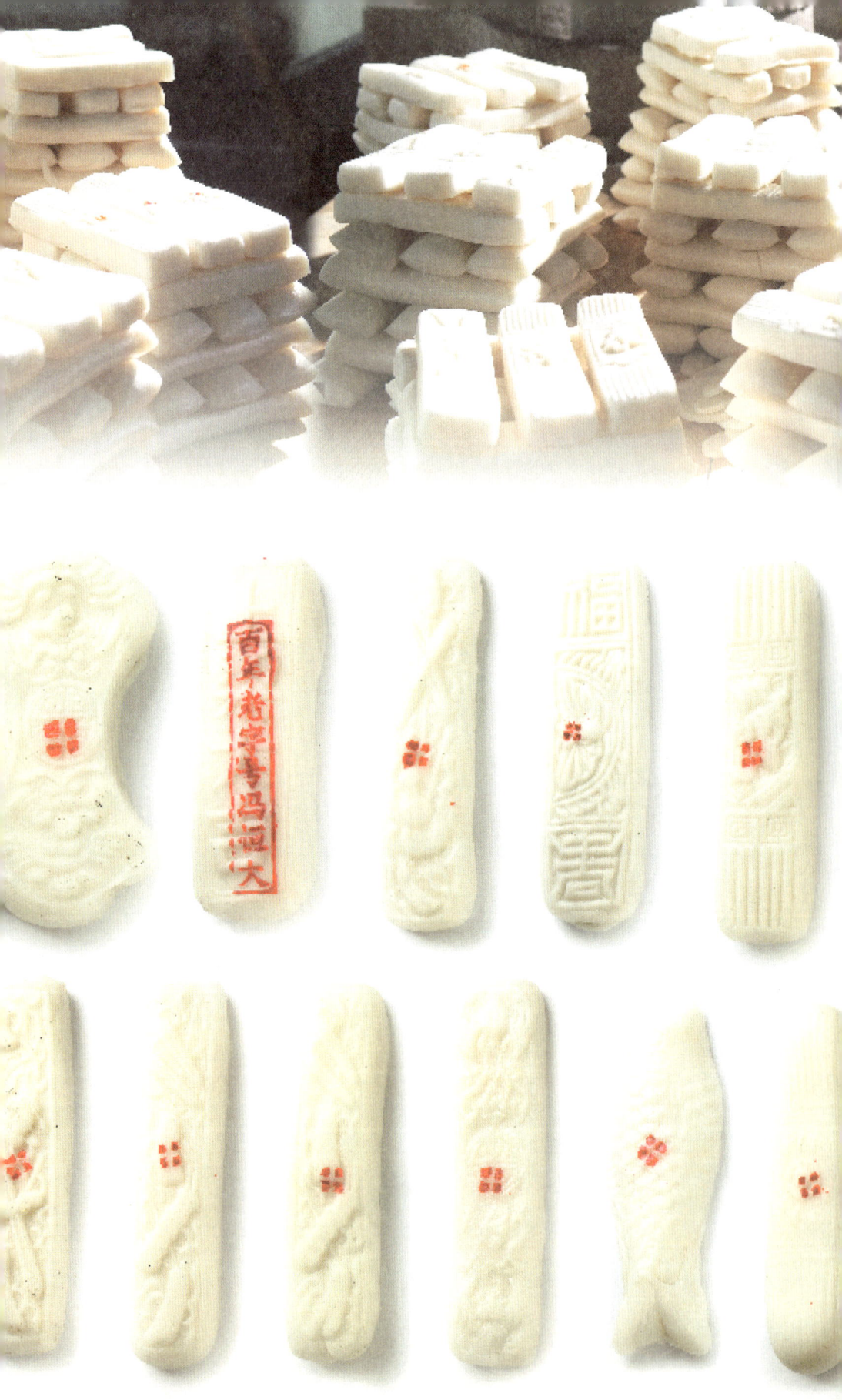

2009 年宁波市文联重点文艺创作项目
2010 年宁波市文化精品工程项目

王静,笔名晓草,供职于江北区文学艺术界联合会,致力于宁波地方文化研究,著有《城北山水城北人》、《留住慈城》、《半生文缘》等,《中国的吉普赛人——慈城堕民田野调查》获第八届中国民间文艺山花奖·民间文艺学术著作一等奖。

王静 著

慈城年糕的文化记忆

宁波出版社

图书在版编目(CIP)数据

慈城年糕的文化记忆 / 王静著. —宁波：宁波出版社, 2010.12
　ISBN 978-7-80743-692-8

　I. ①慈… II. ①王… III. ①糕点—文化—研究—宁波市 IV. ①TS971

中国版本图书馆 CIP 数据核字(2010)第 253921 号

慈城年糕的文化记忆

作　　者	王　静
摄　　影	沈国峰　史凤凰　杨旭
绘　　图	周尧根
出版发行	宁波出版社(宁波市苍水街79号　315000)
印　　刷	浙江印刷集团有限公司
责任编辑	卓挺亚
装帧设计	吉祥文化
开　　本	710mm×1000mm　1/16
字　　数	248 千
印　　张	19.25
版　　次	2010 年 12 月第 1 版
印　　次	2010 年 12 月第 1 次印刷
标准书号	ISBN 978-7-80743-692-8
定　　价	58.00 元

(版权所有　翻印必究　印装有误　负责调换)

值得喝彩的小题大做

向云驹

浙江慈城的王静同志耗时数年，查阅大量地方文献和全国各种地方志，访谈了许多地方人士、传承人（农人、匠人、艺人、老者、家庭主妇等等），终于写就这部小题大做的奇书——《慈城年糕的文化记忆》。

我说这部书是小题大做之作，有两层意思。

一层意思是说她把一个文化上的小题目、小物件、小事象，从纵横两个方面展开，在深度和广度上无限延展，以小见大，以小成大，以小为大，呈现出中国文化的博大精深和源远流长。这在方法论上是一个大突破。多少年来，我们的文化史、学术研究，一直以就事论事见长。学者术业有专攻，在断代史上，或在分类、分工上细化到极致，显示出专攻和专才的深刻。虽然，我们也有很多的通史，举凡历史、政治、法律、文学、宗教、艺术等，多有大作力作，但是，这些大多是极宏观的作品，或者也多是众多学者，各做一段，拼合起来，成一通史。然就某一个有意义的物象、物件一通到底，甚至把有史以来的此一物象的无限延伸、演化厘清轨迹的并不多见。顾颉刚先生关于孟姜女的研究曾是小题大做的典范，但好像演化延伸得还不够深广。这方面，西方学术界，以我所见，是有一些好传统的。比如，关于玩具、游戏的研究，就有西方学者从起源演变，一直到政治、法律、艺术等等，做足了文章。关于火，也有人从远古钻木取火一直到火车、火箭,无论科技、文化、民俗、政治、军事,一网打尽。事实上,中国文化文明从古至今,从未间断,用这样的学术思路和方法论,是能得出很多有意味有意义的独特成果的。王静写年糕运用了这样的方法和思路,收获是很可观的。巧的是,慈城的年糕不仅闻名四海,而且它的所在地正是著名的河姆渡遗址附近。7000多年前河姆渡文化最著名的遗物中便有水稻,这里是中国及至世界的稻作文化发祥地。年糕无疑是稻作文化的一个精致化的作品。王静写年糕,写了它的历史,写了中国的农耕文明,写了年糕制作技艺,印模雕刻,年糕民俗与食俗,年糕的种种品类、样式、口味,年糕的歌谣、谚语、故事、谜语、诗文、新闻等等。这使得小小的年糕成为一个大大的文化果实,也使得这本写小物象的书成为一本文化的大书。多年来,中国民间文艺界,一直在提倡深入的田野工作,提倡对民俗事象做全面的细致的活态的生动的立体的多角度的全方位的调查。王静的年糕写作是一个经典的个案。沿着这个思路,我们中国的民间文化有多少对象可以如此展开,并且一旦真正得到书写和展开,中国文化又将呈现出何等壮观的景象。我们民间的宝库还远远没有打开它神奇丰富的大门。这是何其令人兴奋的学术课题和学术方向。所以,要感谢王静同志的努力和取得的成果。

另一层意思是王静把一个小题目通过锲而不舍的努力,通过以勤补拙的坚韧和执著,终于做成了一个有分量、有特色、有独创、有新意的大作品。王静曾经就慈城的堕民进行过长期的田野调查,写出了一段罕见的历史和一群罕见的底层民众的异史,冯骥才先生对此赞赏有加。冯先生进而鼓励王静写一部年糕的文化史。慈城年糕太有名了,慈城年糕太有品位了,年糕是慈城人最深刻的文化记忆。于是王静老老实实地从田野调查和资料搜集开始。几乎没有任何可参考的文献和现成的研究成果。几年里,她遍访各色人等,搜集年糕模板,查遍全国各地地方志。就这样,她写就了一部年糕的百科全书。把一个地方的特产及其特色文化的起源与发展,像一部风俗长卷一样地描绘下来,记录下来,展示出来。那些访谈生动而真切,那些丰富的文化细节证明了一种地方文化创造的神韵,那些生活史与风俗史的铺陈展现了一个地方是怎样形成自己的文化风格和个性的。冯先生给王静出了一个看似细小而微不足道的小题目,他期待她写出一个大课题、大作品。王静很好地完成了一次有意义的写作,或者说,她完成了一次独特的田野调查。她为慈城的文化、历史、人民书写了一座文化丰碑:年糕是慈城人千百年来的文化奉献和生活创造,年糕凝聚着慈城人的智慧、精神、审美、趣味,年糕在慈城人中代代相传成为基因,也成为责任和使命,而且也是慈城人生命的滋润和享受。

小题大做,来之不易。要把小题做大,其实是需要大气象、大境界、大视野、大投入、大付出、大心血的。我希望我们更多的文化和非物质文化遗产能有幸被如此这番的小题大作。所以,我愿意向读者推荐王静这部小题大做之作。

是为序。

2010年9月7日

(作者系中国民间文艺家协会分党组成员、秘书长,中国民间文艺研究所所长,中山大学非物质文化遗产研究中心学术委员,天津大学、河南大学、长春大学、山东工艺美术学院等兼职教授。)

目录 MULU

序 / 1

导论 / 1

 中国年糕渊源

▎年糕起源 / 15

▎年糕定义 / 22

▎海外年糕 / 31

宁波慈城年糕

▎来历考略 / 39

▎品种特色 / 49

▎年糕伙伴 / 63

年糕原料种植

▎原料选择 / 73

▎种田理念 / 76

▎耕种习俗 / 87

年糕制作技艺
- 制作工具 / 95
- 技艺流程 / 103
- 制作习俗 / 111

祭食年糕纪实
- 节令年糕 / 117
- 日常年糕 / 129
- 各地食俗 / 136

年糕艺术价值
- 艺术形态 / 144
- 艺术特色 / 151
- 艺术价值 / 163

年糕文化印痕
- 民俗记忆 / 186
- 多彩艺术 / 196
- 诗词艺文 / 202
- 旧闻新读 / 210

年糕口头记忆

- 年糕歌谣 / 215
- 年糕传说 / 220

手工年糕传承

- 传承现状 / 230
- 保护传承 / 237

附录一 历代方志中记载的年糕 / 247
附录二 笔者收藏的年糕模板汇编 / 259
附录三 田野调查的年糕模板简编 / 275
附录四 田野调查对象名录 / 276
附录五 慈城手工年糕传承人谱系 / 278
附录六 宁波作者撰写的有关年糕的文学作品存目 / 280
附录七 宁波报纸刊登的有关年糕新闻存目 / 283

后 记 / 288

初秋

春工正當時
下種看期度
東閒携子遊
菜枕臨墟路
肴水沈西湖
臨風方日暮
農家事可知
應賞心無數

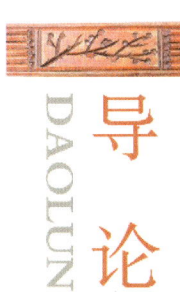

导 论
DAOLUN

慈城年糕是全国众多年糕中独具特色的一种。慈城年糕之所以久盛不衰,是因为它似乎是人们走向精神天地的通道,是人们表达心灵愿望的载体,是人们寄予物质和精神双重希望的可触摸的信物。

导 论

漫长的农耕时代,人们日出而作,日落而息;人们从事生产劳动,遵循的是大自然中的二十四节气;人们的生活节律也合着大自然春夏秋冬轮回的节拍……就这样,人们与大自然息息相关,生死相连。

《清稗类钞》中对传统农事的记载有:"春耕夏耘,秋获冬舂,固为农人四时之所有事。然勤于农功者,一岁十二月,无不有事,且男女同任之,亦云劳矣。致力多而获利少,固莫农人苦也。"旧时宁波有农谚:"吃过立夏蛋,眼睛苦勒烂。"如此,从土地上求生存,讨生活,如此的春夏秋冬周而复始,人们创造了年。后来又为其取了一个响亮的名字——春节。

年,是人类在繁衍生息的漫长岁月中依据天体运转和气象更替共同创造和传承的时间概念。[1]千百年来,这个时间概念保留到今天乃是一种崇拜,一种感觉,一种情感和一种仪式。

冯骥才先生说:"世界上每个民族都有自己的崇拜物。那么中国人的崇拜物是什么?崇拜太阳?崇拜性?崇拜龙?崇拜英雄?崇拜老子?崇拜男人?崇拜祖先?崇拜皇帝和包公……非也!中国人崇拜的是生活本身。'过日子'往往被视为生存过程。在人们给天地三界诸神众佛叩头烧香时,并非信仰,亦非尊崇,乃是企望神佛降福人间,能过上美好又富裕的生活。"[2]这一精辟论述阐明了中国"天人合一"的

---

[1] 郑一民、武华卿:《春节》,河北教育出版社,2006年12月版,第1页

[2] 冯骥才:《年画手册》,宁夏人民出版社,2007年7月版,第183页

慈城年糕的文化记忆

迎春图——1911年黄历

传统理念。因为祈盼过好日子，于是对年的崇拜表现为祭天地、祭祖先以及祭各路神仙。祭天地，自然是感谢天地的风调雨顺；祭祖先，首先是感恩于先祖，其次是对晚辈的教诲与榜样；而祭各路神仙，并不是具体一个神，而是很多神。这样的崇拜似乎给"年"蒙上一层庄重而神秘的意味。严格地说，从夏商周到清王朝，民间社会被认为是不能祭天地主神的，或者说即使祭了天地主神也不可能获得神的

导 论

保护,因为帝王家族垄断了与天地间神仙的话语权。不是吗?北京的古建筑天坛与地坛,是皇帝亲自祭天地、与主神"对话"的地方。还有全国各地的如社稷坛、风云雷雨山川坛之类的建筑,也只是被皇帝赐封的各级官僚祭天地、代表皇帝与主神"对话"的地方。但农民不管这些,为了过好年,过好日子,哪怕是野祭,也要向各路诸神表达自己的敬仰,于是就出现了祭灶神、年祭等习俗,以与各路神仙对话。对年的崇拜其实就是人们祈求过上好日子的形态之一。

年,是什么?年是穿新衣,年是喝美酒,年是作揖祝愿,年是表达心声:"年年高,日日好"、"恭喜发财"。"年是人不分贵贱,家不分贫富,民族不分大小,所有中国人都祈盼要过好的日子。过好日子的年,使人们的生活理想化了,人们的理想生活化了。"[1]想想也是,在吃、穿都源于自然的农耕时代,平时吃不上却十分盼望吃到的食物,平时穿不上只能在梦里穿上的新衣,到了过年时全吃上了,穿上了,这种感觉是什么滋味呢?这种感觉首先是久久的祈盼,其次是发自内心的感恩。这样的年是"一年一度辞旧迎新的最重要日子"[2]。

因为是重要的日子,年还是人与人之间情感的"桥梁"。因为这座情感的"桥梁",离开家乡而在天南地北的游子似潮水般挤着年的"桥梁"回家,然后去尽慈孝之情,去续手足之情,去连乡邻之情,去圆每一个游子与故土家乡的依恋之情……这样的"年,成了我们民族的生活情感的大爆发,是以家庭为单位的大团聚,是现实梦想的大表现"[3]。

岁月悠悠,一年又一年,年的仪式还是除旧布新、迎喜接福……如今,当人们走进演绎了千百年的年节发现,在斑斓绚丽的年节物品中,有一些东西仍在绵绵延续,比如年画、春联、鞭炮等,这些东西紧随着年,又随着年的演变

---

[1][2]《年画手册》第4页

[3] 冯骥才:《抒情散文》,(《冯骥才分类文集》5卷),中州古籍出版社,2005年5月版,第64页

而演变,它们是年的各种文化符号。这些文化符号记录了农耕时代的文明。在斑斓绚丽的年节物品中,有一种稻米和水的结合物——被称作"年糕"的食品。

人类赖以生存的主要食物乃是米和面。众所周知,稻米的起源在中国。中国的稻米最初种植在南方。20世纪70年代在宁波发现的河姆渡遗址,距今约7000年。在出土文物中,有大批稻谷、米粒、稻根、稻秆堆积物。1988年,湖南澧县彭头山遗址出土的含炭化稻谷陶片(距今至少约8000年)再次物证了上述结论。如果从出土的文物推论:古代的稻米种植仅限于长江三角洲周边地区,然后像波浪一样,逐渐地扩大到长江中游、江淮平原、长江上游和黄河中下游,从而形成了现在稻米种植的格局,即稻米种植地区。虽然在水源充足的地区均可种植水稻,如中国的北方黑龙江呼玛,东南方的台湾省与海南岛,海拔2500多米的澜沧江高原等,但稻米主要的生长区域仍旧是在中国的南方。

稻米在我国推广种植后,迅速传到了东亚近邻各国。公元5世纪,稻米经伊朗传到西亚,然后经非洲传到欧洲。新大陆被发现后,再由非洲传到美洲。目前,除南极洲以外,亚洲的日本、朝鲜半岛,东南亚、南亚,欧洲南部的地中海沿岸,美国东南部,中美洲、大洋洲和非洲的部分地区都有稻米的种植。

小麦起源于亚洲西部,距今大约5000年前落户华夏的土壤。传入中国以前,中国的南方和北方已进入到农耕文明阶段,南方以水稻种植为主,北方则以种植粟、黍等旱地作物为主。在这样的背景下,作为外来作物的小麦经过漫长的历程,渐渐被中国人所接受,成为仅次于稻米的第二大粮食作物。

农业种植结构直接影响了人们的饮食习惯。稻米和小麦栽种地区的南北差别自然而然形成了中国南北饮食的

导 论

差别,即中国的南方地区是以大米为主食的饮食体系,北方地区则是以小麦或粟米(俗称小米)为主食的饮食体系。

南北不同主食的饮食体系、南北不同的地域文化形成了中国南方北方不同的年俗。然而无论各地的年俗如何,无论各地的饮食体系如何,中国大部分地区的年节食品中差不多都有被称作"年糕"的食品,这也就是上面提到的那种稻米和水的结合物。年糕的起源,有神话传说,有源于春秋战国的伍子胥城砖年糕之说。经过历代的演变,虽然有不同的称谓,如唐宋的糍粑、春糕等,但至少到明朝,那种稻米和水的结合物被作为年节的食品有了明确记载,如明嘉靖的《姑苏志》所记载的"年糕"。[1]

虽然统称"年糕"的食品是年节食品,但由于各地文化与饮食习惯的差异,制作年糕的原料以及形状、大小均有所不同。各地的年糕除了统称外,还有不同的叫法。如年糕在宁波,有称"水磨年糕"、"燥磨年糕",也有加上地名称呼的,比如"慈城年糕"、"东埠头年糕"。而慈城年糕因有一道印花工序,所以各式各样的花色年糕,其称呼又有不同。

宁波慈城有"江南古县城的标本"之誉。地处河姆渡文化遗址的东面,杭州湾跨海大桥南岸。据2004年12月慈城北面的八字村傅家山遗址出土文物测定,距今约7000年的新石器时代此地就有先民活动。史料记载:春秋时,吴越争霸,越王勾践卧薪尝胆,于公元前473年攻克吴都。为纪念这一胜利,勾践在宁波姚江北边的城山渡口(距慈城西南4公里王家坝村南面)兴建新城,并命名为"句(音读gōu)章"。句章是宁波地区第一座城郭,也是慈城最早的雏形。唐开元二十六年(738年),浙东州县户口日繁,江南东道采访使齐瀚奏请分县为慈溪、奉化、翁山(今定海)、鄮县4县,并分越州另立明州以辖之,明州、越州均隶江南东道,此是慈溪设县之始,县治设于浮碧山下,即如今的慈城镇。

---

[1]《中国地方志民俗资料汇编》(华东卷),书目文献出版社,1995年1月版,第369页

慈城年糕的文化记忆

慈城是个拥有7000年文明史、2500年建城史、1200年建县史的千年古县城。数百年来,和平稳定的社会环境,得天独厚的自然环境以及农商并重的经济环境催生了慈城年糕这一区别于其他各地的年节食品。慈城年糕,是慈城人岁时年节和日常生活不可缺少的主食。同时,在江南水乡兼县城的人文环境积淀中,慈城年糕形成了与江南文化相联系、与稻米文化相依恋的年糕文化。

从历史渊源上分析,慈城年糕的出现、发展与慈城的望族文化、科举文化密切相关。南宋王朝,定都临安(今杭州市),全国的政治、经济中心南移,文化中心也从中原移向东南沿海,因而慈城有"建炎(1127年)南渡,中原士族览山川之秀,多卜焉,迄今名家率称汴宋遗宗"[1]。中原士族迁居带来良好的教育传统,也使原本"人稠地狭、丰穰之岁犹缺民食十之三"[2]的矛盾更加突出,相当多的人为满足最基本的生存需求,开始另谋生路,或贩运鱼盐,或开设店铺,而"半游食于四方"[3],县城形成农商并重的经济形态。良好的教育,一定的经济基础促进一邑小城大家望族的发展,这些大家望族经过元朝的沉寂后,到了明朝以科举人才为标志的文化士族不断涌现,此时的慈城地区不仅是望族盈城,而且与鄞县、余姚构成浙江科举的"金三县"。[4]根据实物和史料分析,尽管各地年糕的原料、样式有差别,但作为年节的祀品,其实质都是人们心愿的寄托,而且有始之兴、兴之盛的发展过程,年糕兴盛之年代在明清时期。这时期,正是慈城地区的望族发展、科举人才的鼎盛期,这样使得有着"年糕年高"象征意义的年糕似乎也显得更加神秘。慈城年糕因有水磨、印花两道制作技艺,从文化意义上又区别于其他的年节食品。

慈城年糕是全国众多年糕中独具特色的一种。慈城年糕之所以久盛不衰,是因为它似乎是人们走向精神天地的

---

[1][2][3]《慈溪县志》卷五十五(光绪已亥年修)

[4]杨馥源:《儒魂商魄》,宁波出版社,2007年3月版,第44页

导 论

通道,是人们表达心灵愿望的载体,是人们寄予物质和精神双重希望的可触摸的信物。

在中国的饮食文化体系中,人们的主食大致可分粒食、粉食两种。在五花八门的粉食样式中,从独特性、普及性、典型性和长久性等方面来看,年糕和馒头可能最能代表我国南北两地的饮食文化,或者说主食文化。

年糕是稻米的粉食制品,而以面粉为原料制作的馒头则是小麦的粉食制品,据传由诸葛亮首创。这两种食品的来历与战争有关,因两者都带有吉祥之意,而被提升为年节的吉祥食品。馒头因面粉发酵有个膨胀的过程,这过程俗称"发涨",正好被人们视作"发财";而年糕的"糕"与"高"谐音。一个"发财",一个"年高"。据记载,明清时期,过年就有吃馒头、年糕、饺子的习俗。[1]从民间传说看,馒头与年糕都发源于南方,后因南北饮食习惯的差异分别在北方和南方被人们所接受。馒头在北方是食用范围最广、影响最大的食品,却不合南方人的口味。相传北宋文学家苏辙进京多年,因不适应北方的面食习惯,作了"少年食稻不食粟,老居颍川稻不足。人言小麦胜西川,雪花落磨煮成玉。冷淘槐叶冰上齿,汤饼羊羹火入腹。五年随俗粗得饱,晨朝稻米才供粥"的诗,以抒发对家乡四川稻米的怀念之情。年糕作为年节食品虽也受北方人欢迎,但将其视作主食的还是南方人。同样,南方人虽然也吃馒头,却不把它作为主食。因而,在江南的民间流行有"吃煞馒头不当饭"[2]和"挨家挨户做年糕"[3]的谚语。

还是以年糕与馒头为比较,从人文价值层面分析,馒头色呈土黄,外形圆大;年糕色似白玉,形状细长。这让人联想到鲁迅先生对北方人与南方人的评价:"北人的优点是厚重,南人的优点是机灵。但厚重之弊也愚,机灵之弊也狡。"[4]相对而言,北方人粗犷、豪爽,而南方人委婉、优雅。

[1] 薛效贤、郑祥菊:《中华名点文化与制作》,化学工业出版社,2008年7月版,第6页

[2] 流行上海松江一带

[3] 流行浙东宁波地区

[4]《鲁迅全集》第9卷,人民文学出版社,1981年版,第301页

慈城年糕的文化记忆

从两者的饮食方式看,馒头,大多现蒸现吃,质地柔软,吃法单一,以红红火火为特征,这象征着北方民众质朴、热烈、单纯的性格和文化追求;而年糕,既可现做现吃,又可贮藏,质地紧密,而且吃法多样,以精巧细腻为特征,这正好与清初学者顾炎武评价南方人"好行小慧"的观点相近。地处江南的宁波,一年四季差不多都能美食年糕,而且吃法不一。慈城年糕根植于千年古县城,还与慈城文化之灵魂——慈孝文化根脉相连。[1]就民俗文化而言,无论是制作习俗,还是饮食习俗中的敬天地、尊祖先、孝父母、尚礼义、广行善等内容,从小处说是慈孝文化的内容,从大处说是中华民族传统的伦理道德范畴。

年糕的另一个价值是其艺术价值。无论是年糕的制作过程,还是年糕成品所表现出的艺术年糕,其特色鲜明、手法简易均显现出较高的审美性,而且是自成一体的审美系统,这些特点表现最为突出的是慈城年糕的印花。

印花所用的年糕模板是年糕文化中最亮丽、最独特的民间美术,也是年糕的独特艺术魅力之所在,是狭窄表面展示大千世界的艺术奇葩。

追寻上述年糕的价值是笔者做田野调查的初衷。[2]按照中国民协提供的田野调查方法,根据年糕制作的工序,具体调查思路是以年糕的原料——稻米种植和年糕制作的一系列流程为经,以每一过程所产生的文化现象为纬,调查方式以口头记述为基础,以实物研究和文献资料加以佐证。

《慈城年糕的文化记忆》是以宁波(慈城)年糕的手工技艺和民俗纪实为说明对象,以全国各地不同的年糕习俗以及海外的日本年糕习俗为参照说明,以历史文献为依据,对其逐一归类、分析、考证后,又从民俗学、社会学和艺术学的视角明确了年糕的定义,提出了手工年糕制作发展

---

[1]冯骥才先生称慈孝为慈城文化之灵魂

[2]本田野调查实地考察的主要区域:现为江北行政区的乡镇和原慈溪县的有关乡村,时间下限设在21世纪初

导 论

的三个阶段,即年糕是始于西周,兴于明,盛于清朝及民国的节令食品,后因作坊等生产规模扩大而渐成人们的日常食品。在此基础上,笔者在对百余套(块)年糕模板的对比、分析后,提出了慈城年糕的作坊制作最晚始于清末民初的观点;分析了这一节令与日常食用的大众食品所具有的历史价值、社会价值和艺术价值,继而来阐述渐行渐远的农耕时代人们对美好生活的追求与信仰,人们对"人与人"相处所持的态度,人们对"人和自然"相处所持的态度。

应该说,自伍子胥的"城砖"到经济全球化的今天的年糕,年糕至少已有2000多年的历史,随着工业文明的发展,手工年糕的技艺已逐渐被机械化大生产所替代,手工制作师傅也因岁月的消逝而渐行渐远,这是经济发展规律。然而,在手工年糕已远离我们之时,已列入浙江省非物质文化遗产名目的慈城年糕又该如何来传承原来的文化记忆呢?笔者提出了先机械后印花的保护传承方法。应该说,手工年糕虽已远去,但它的灵魂还在,那就是"年高(糕),年高(糕),年年高(糕)",这是人们对过好年,过好日子的共同祈盼。

每当粮归仓、草归垛的季节,每当窗外的树枝开始落叶之时,宁波的大街小巷就有新米年糕的"影子",原来人们在备年货准备过年。人们会不约而同去买鞭炮放爆竹;人们还要买新衣穿新衣,尽管平时家里已是满柜子的衣服了;人们还要坐除夕的末班车赶回家与亲人团圆,这是为什么?这是因为要过年啦!而过年时,年糕又是不可缺少的。

年糕年高,岁长情长,这便是创作《慈城年糕的文化记忆》的心愿。

中国年糕渊源

ZHONGGUO NIANGAO YUANYUAN

年糕原是稻米、黄米等粮食的粉食制品。其名称因为过年习俗而成,又因讨"年年高(糕)"的口彩而被人们所接受并成为一类食品的名称。

中国年糕渊源

"南米北面"是中国饮食文化的一大特色。在中国南方,人们的主食以稻米为主,即食用米饭为主。传说中大禹治水时民工用"米糕"作餐、伍子胥所制城砖变年糕的故事、西周的《周礼·笾人》中有了"糕"的记载,年糕渐渐成了各地年节上的吉祥食品,也成了南方人常食的稻米粉食制品之一。

年糕起源

年糕这一食品,先称糕,后称年糕。就糕而言,起源于西周;年糕的定名,先有民间传说,后有文献记载。有文献记载的"年糕"二字,笔者发现最早出现在明朝嘉靖年间的《姑苏志》中。

与许多美味食品一样,关于年糕的起源在民间有两类传说,一类是风物传说,一类是人物传说。

年糕起源的风物传说:

很久很久以前,每年冬天天上都会下白色的东西,这东西不是雪而是白米粉。人们看到了,就将落在自家屋顶和周围的白米粉收集来,然后将这些粉蒸了,再一起搡成一条条白米糕,过年吃。穷人有了白米粉也能搡米粉糕,开

慈城年糕的文化记忆

开心心过年。因而这地方无论穷人,还是富人,家家过年都能吃上白米糕,大家就这样热热闹闹、欢欢喜喜过个年。人们又将白米糕改称为"年糕"。过完年后将剩余的米糕浸在水里,四季都可用来充饥。

当地有个黑心肠财主,想把天下的米粉独占。有一年冬天,天落白米粉时,他就不允许穷人开门扫粉,而是由他家雇人来扫,扫去后蒸粉做年糕,再卖给穷人。这样一来,财主越来越富,穷人越来越穷。这事给天上神仙知道了,决定不再下米粉了,改下和米粉类似的雪了。财主继续雇人扫来的大批"米粉"堆在大院里、房屋周围,如一座座山。结果太阳一出来,堆积如山的雪化成了大水,冲倒了财主的房屋,毁了财主的家产和性命。从那个辰光开始,冬天就下雪了,"冬雪如宝",雪给农人带来水,为农作物杀虫消害,使稻谷得以丰收,丰收后的农民又用大米碾粉做了年糕。[1]

比较这一风物传说,有关年糕起源的人物传说比较多,有的传说与大禹有关,有的传说与伍子胥有关。

年糕起源与大禹有关的传说:

相传大禹治水时,数以万计早出晚归的民工,就用这种米糕作餐,既缩短用餐时间,延长了工时,又耐饥饿,这在当时的治水过程中起到很好的效果,也为当地老百姓带来了诸多便利。大禹治水时采用劈山改道的方法重整河道,拓宽江面,截弯取直,治平高低,使四明山水顺势而流,潮流畅通,这为四明地区消除了隐患,减少了灾难,为当地人民造了福,庄稼年年取得好收成。人们为了纪念大禹,改大江名为"姚江",在县西南二十里三过桥旁建造了禹王庙,年年岁岁人们从四面八方赶来向大禹供奉,感谢大禹的功德。有人还为此刻制了一块标志性图板,板的上面刻着一朵绽放的

---

[1]根据周静书先生的口述材料整理

中国年糕渊源

菊花,两端各有数条凹凸平行线。菊花是金秋丰收的象征,平行线代表水流平稳的形态。后来,人们把它当做印糕模板,印在年糕上,并在菊花的中间点上一滴"红",示意洪水被集中到姚江后的结果。每年年底,当地家家户户都做年糕,年糕成了当地必不可少的祭品和重要食品。[1]

上述传说中,年糕的起源地在浙江宁波,是时为上古。而在有关年糕和伍子胥的传说中,年糕的起源地有在江苏苏州的,有在浙江(宁波)慈城的,也有说是在浙江湖州的。这些传说中的故事发生地和内容情节虽各有差异,但传说涉及的时间均为春秋战国时期。

年糕起源与伍子胥有关的传说:

春秋时期,吴王夫差摄政,他一心想吞并齐国,不听伍子胥"联齐抗越"的正确主张。当夫差打败齐国后,满朝文武庆贺胜利时,唯有伍子胥忧心忡忡,他不但想到自己有杀身之祸,而且预见国家也将遭难,于是他命人快速修筑姑苏阊同大城。谁知城刚建好,伍子胥就被奸臣诬以"私通齐国"、"阻挠攻齐"等罪名,被吴王夫差赐剑自刎。临死前,他悄悄告诉亲信:"我死后,国必遭难,民如断粮受饥,可掘相门得食,以救百姓。"

果然不出伍子胥所料,越王勾践知伍子胥已死,发兵攻吴,苏州被困,城里断粮,饿死了不少人。人们想起伍子胥的遗嘱,即挖相门城墙,下挖后,发现块块城砖皆用米粉制成,饥民以"城砖"为食,熬过饥荒。从此以后,苏州人每逢过年便制年糕,以纪念伍子胥。[2]

上述的风物、人物传说,虽然没有一个明确年份,但至少与故事主人公生卒同期,那么最迟应为春秋战国时期。

---

[1] 本部分根据周亨茂口述材料整理

[2] 蓝翔、冯懿有:《中国·老360行》,百花文艺出版社,2006年11月版,第69页

按照"中古"为魏晋唐宋的观点,春秋战国应属于"上古"。

在上古的有关文献史料中已开始出现"糕"的记载。如,西周的《周礼·笾人》:"饵:糕饼。以米粉蒸之而成。"这是有关以稻米为原料的食品制作最早的记载。之后,东汉的《说文·食部》中有"餈,稻饼也"的记载,"餈"字亦作"粢"。段玉裁注引《方言》"饵谓之糕,或谓之粢",云:"谓米饼也。"

"餈"是"糍"的异体字。糕,古称糍,以米粉蒸制而成,由此可推断这是古代的年糕的雏形。唐宋两朝,民间食用的年糕的雏形,开始以"糍"、"糕"之类的称谓出现在史料中。宋朝吴自牧的《梦粱录》,叙述了南宋时都城临安(今杭州市)的岁时风俗,其中有记:"十二月尽,谓'除夜'。是日,内司意思局进呈精巧消夜果子合,合内簇诸般细果、时果及市食,如澄沙团、市糕……"[1],"诸色杂货……栗粽、豆团、糍糕、汤团等物,并于小街后巷叫卖"[2]。宋朝孟元老的《东京梦华录》记叙了北宋都城汴京(今河南开封市)的民俗风情,其中记载:"冬月虽大风雪阴雨,亦有夜市:……剪肝脏、糍粑、团子之类……"[3],"……是月卖糍糕、鹌兔方盛"[4]。《辞海》释"糕",是"用米粉等做成的块状食品。如年糕……"[5]中国的粒食文化研究表明,为照顾没牙齿咬嚼不便的老人,把蒸熟的米饭放在臼中用杵捣舂细了,就是"糍"。如今,浙江的宁海等地仍称大米杵捣舂细做成的圆形饼为"糍",做成长条形的为"年糕"。据此,那时的年糕并非某一特定的大米制品,而是以大米等稻作植物为原料,经蒸、捣舂等工序后制成的块状制品,用于年节的祭祀。

明朝正德年间刻印的《琼台志》中记载:"'元旦'前,以糯粉溲蔗糖或灰汁笼蒸春糕,围径尺许,厚五六寸,杂诸果品供岁祀,遂割为年茶,以相馈答。"[6]民国前的春节,称"元旦",俗称"新年"。农历二十四节气中的立春称为"春日",俗称"春节",因而史料中记载的春糕,即年糕。因年糕含有

---

[1]《梦粱录》(卷六),浙江人民出版社,1982年2月版,第50页

[2]《梦粱录》(卷十三),第148页

[3](宋)孟元老著,姜汉椿译注:《东京梦华录》(卷第三),贵州人民出版社,1998年7月版,第68页

[4]《东京梦华录》(卷第十),第260页

[5]《辞海》(缩印版),上海辞书出版社,1980年8月版,第1937页

[6]《中国地方志民俗资料汇编》(中南卷),书目文献出版社,1991年1月版,第1097页

中国年糕渊源

节节高之意,故也被称为"节糕"。《琼台志》中的记载描写最晚发生于 1521 年[1],说的是 1521 年前制作年糕的原料、方法和样式。大约 35 年后(1556 年)刻印的《姑苏志》中记载:"二日食年糕,曰撑腰。"[2]这是笔者迄今为止查阅的文献中关于"年糕"二字的最早记载。这一记载既明确了年糕的渊源,又将民间传说中的年糕、西周等上古史料中所记载的年糕的雏形加以对接,同时也赋予了这种年节祭祀食品一个相对固定的称谓。

明朝崇祯年间,有《春场》一书记载:"正月元旦,夙兴盥漱,啖黍糕,曰年年糕。"这一记载使原来只在地方志中记载的年糕扩大到了全国范围,年糕的渊源也更加明确。

黍是粮食作物的一种,去皮的籽粒称黄米。黄米蒸煮后有黏性,适宜磨粉制作糕,黏性的黍糕又称"黏糕"。而黏糕的谐音是"年糕"。

■《营业写真》[3]之《蒸糕》

中国的民俗文化一直被边缘化,也一直远离中国的文化主流。年糕作为大众的食品,虽然有"年高"的吉祥之意,而且民间也普遍将其视作年节的祭祀食品之一,但比较其他食物(比如粽子),文献中的确鲜有年糕的记载,尤其是明朝以前的史料。学术界认为:南朝(梁)宗懔所著的《荆楚岁时记》是我国古代早期的岁时风俗文献,系统记述了南朝时期长江中游一带的节仪与饮食,其中虽没有年糕的专记,但有糕糜插箸而祭之的岁俗记载。"糜"有"黍"之意,那么糕糜可能是"黍糕"吗?不管是黍糕,还是糕糜,都说明尽管南朝时期没有专称年糕的食品,但已有用糕祀岁的民俗。据此推断,南朝前用糕祀岁已成风俗,只是没有年糕的专门称呼。

---

[1]根据史料记载朝代以最近年代计,以下全同

[2]《中国地方志民俗资料汇编》(华东卷),第369页

[3]清宣统元年(1909年),上海环球社创刊发行的《图画日报》所载

慈城年糕的文化记忆

这种现象,还可以在清朝的相关文献中找到例证。清朝潘荣陛的《帝京岁时纪胜》是反映明清时期北京岁时风俗的专著,其中的"岁时杂务"中记载:"蒸糕点,奉天地供案。"[1]《续修四库全书》之《满洲四礼集》中记载,乾隆年间,皇家新正(农历新年)要行磕头礼。期间的祭台摆有年前做好的撒糕。[2]不仅如此,居住在关东等地的旧汉军居民亦于春秋二季祭神杆。[3]

而同一时期,年糕的称呼已相当普遍,如清朝富察敦崇的《燕京岁时记》中记载:"每届除夕,列长案于中庭,供以百分。百分者,乃诸天神圣之全图也。百分之前,陈设蜜供一层,苹果、干果、馒头、素菜、年糕各一层,谓之全供。"[4]

清朝顾禄的《清嘉录》分别在卷一、卷二和卷十二中提及年糕,其中卷十二中还以年糕为目专记:"黍粉和糖为糕,曰年糕,有黄白之别。大径尺而形方,俗称方头糕;为元宝式者,曰糕元宝。黄白磊砢,俱以备年夜祀神、岁朝供先及馈贻亲朋之需。其赏赉仆婢者,则形狭而长,俗称条头糕。稍阔者曰条半糕。富家或雇糕工至家,磨粉自蒸。若就简之家,皆买诸市。"[5]

清中叶,年糕不仅是国人普遍用于节令时祭祀的食品,还因对外交流而流传海外。清乾隆年间,日本的一些文献资料如《清俗纪闻》中就出现了有关年糕的描述。《清俗纪闻》是日本文人根据江苏、浙江、福建等地商人的口述,整理出版的中国民俗专著,其中有关年糕的记载如下:"自十二月二十前后,至二十五六之间,家家制作年糕。亦不仅限于寒冷季节制作。"[6]

该书还记载了年糕的原料、做法、外形和用途,如卷一"年中行事"里的"家庭拜贺"记载,年初(农历正月初一,笔者注),家祠上供品首列的是年糕。

清宣统元年(1909年),上海环球社创刊发行了《图画

■ 2006年由中华书局重新出版的《清俗纪闻》书影

---

[1](清)潘荣陛著,张江裁点校:《帝京岁时纪胜》,北京古籍出版社,1983年6月版,第41页

[2](清)索宁安辑(清嘉庆辛酉仲春),《满洲四礼集》,上海古籍出版社,2002年3月版,第749页

[3]《满洲四礼集》,第744页

[4](清)富察敦崇:《燕京岁时记》,北京古籍出版社,1983年6月版,第98页

[5](清)顾禄著,王迈校点:《清嘉录》,苏州古籍出版社,1999年8月版,第209页

[6]中川忠英编著,方克、孙玄龄译:《清俗纪闻》卷1,中华书局,2006年9月版,第53页

中国年糕渊源

营业写真

做宁波年糕(颂)

宁波年糕白如雪。久浸不坏最坚牢。炒糕汤糕味各佳,吃在口中糯滴滴。苏州红白制年糕,供桌高陈贺岁朝。不及宁波糕味爽。太甜太腻太乌糟。

■ 做宁波年糕

日报》,其中的"营业写真"一栏连刊了400余期晚清江湖百业,其中第321期为"做宁波年糕"(见上图)。据此推断,在1909年前宁波年糕已风靡上海及邻近地区。

因做慈城年糕的田野调查需要,笔者查阅全国1800多历代地方府(县)志条目所记载的有关岁时民俗资料发现:

21

慈城年糕的文化记忆

全国有北京、天津、上海三直辖市、18省和广西壮族自治区都有过年吃年糕的习俗,其中18省覆盖华东、华北、东北、中南和西南的100多个地(市)区,详见附录一《历代地方志中记载的年糕》[1]。根据史料记载,制作年糕的地区大多种植稻米,但台湾省澎湖县却是个例外。《澎湖纪略》(十二卷,清乾隆三十六年刻本)中记载:"腊月,做年糕相送,谓之'一年高一年。'"[2]其实"澎无稻米,地产杂粮,人民饮食以杂粮为主"[3],即平时食的是黄米粥、薯干糊,即使如此,澎湖人过年却似乎是"铺张浪费",家家会用糯米做年糕祀祖送亲……此中可见年节于澎湖人的意义。

综上所述,年糕原是稻米、黄米等粮食的粉食制品。其名称因为过年习俗而成,又因讨"年年高(糕)"的口彩而被人们所接受并成为一类食品的名称。从年糕的传说,结合文献史料中有关年糕的记载,可以得出以下结论:

一、年糕是稻米、黄米、小米等粮食的粉食制品,因年节而得名;

二、年糕既是年节的吉祥食品,又是日常生活的主食;

三、因文化差异,各地年糕的形状、大小、原料均有所不同;

四、年糕制作始于西周,兴于明,盛于清朝及民国。

---

[1]根据《中国地方志民俗资料汇编》(全六册)所载的府(县)志资料汇编

[2]《中国地方志民俗资料汇编》(华东卷),第1905页

[3]《中国地方志民俗资料汇编》(华东卷),第1910页

年糕定义

《东京梦华录》记载了一年四季的岁时习俗与糕紧密相连,如腊月、正月(立春)有糍粑;清明节制麦糕;八月秋社,各以社糕社酒相赍送;重阳节前一两日,各家又以面粉蒸糕馈送。《梦粱录》中所记载的糕更多,糖糕、乳糕、丰糕、

中国年糕渊源

重阳糕、狮蛮栗糕、皂儿糕、常熟糍糕等,可谓糕香飘四季。《帝京岁时纪胜》记载的糕俗有元旦正月制作江米糕;重阳九月制花糕,新黄米包红枣制作煎糕;腊月市卖江米竹节糕等。清朝袁景澜的《吴郡岁华纪丽》中记载的糕有正月行春的春糕,正月接灶的糕饵,二月二日撑腰糕,三月清明蒸枣糕,九月重阳五色糕,十二腊月捣年糕。

上述各个朝代的各式各样的糕,只有两个节日制作、食用的糕被冠有特定的名称,那就是年糕和重阳糕。数百年来,年糕是年节的节祀食品;重阳糕是重阳节的节日食品,似有无糕不成节之俗。年节,是以制糕、祭祀、食糕为习,而重阳节,仅仅是登高,制、食重阳糕为习。这里的糕虽都被赋予"高"的寓意,但因节日的纪念意义不同,人们对糕的祈盼也有所不同。年是一年一度辞旧迎新的最重要的日子,年节自然也是最隆重的节日,这便是年糕与重阳糕的区别。

史料记载中,先有糕,后有年糕。民间传说中伍子胥的城砖糕也是如此。一旦糕成为年节的年糕,糕似乎就被笼罩上了神秘的色彩而变得神圣,于是乎,年糕成了人们与各路神仙对话的祭台上的祭品之一,比如《燕京岁时记》中记载的天地桌上的"糕",《满洲四礼集》中记载的撒糕等。

综上所述,年糕的定义应是稻米、黄米、小米等粮食与水的结合物,至少有磨、捣(或搓)、蒸三道制作工序,或长,或方,或圆的块状年节祭祀食品。

千里不同风,百里不同俗,尽管同是被视作年糕的块状年节祭祀食品,在各地的称呼却有所不同,如表1所列的12个省(市)中,至少有十三种别称,上海、江苏、江西和海南的年糕别称有春糕、节糕、岁糕和撑腰糕;在广东,年糕另称甜糍;黑龙江、山东和河南等省的有些地区年糕则被称为黍糕或黏糕;湖南、湖北的年糕另称为糍糕;四川的年糕简称为糖糕;贵州的年糕则有糍粑、年糍、年粑、饵块粑等多种

表1：各地方志记载的年糕别称

序	有关记载	援引方志名	现属地区
1	（正月）[1]其食，春盘、春饼、节糕	《嘉定县志》（二十二卷，明万历三十三刻本）	上海市
2	（二月）[2]初二日，留年糕食之，谓不腰痛，名"撑腰糕"	《罗店镇志》（八卷，清光绪十五年铅印本）	上海市
3	二日食年糕，曰撑腰	《姑苏志》（六十卷，明嘉靖间刻本）	江苏省
4	啖春糕、春饼是日，比户以隔年糕油煎食之，谓之"掌腰糕"	《吴县志》（八十卷，民国二十二年苏州文新公司铅印本）	江苏省
5	"元旦"前，以糯粉溅蔗糖或灰汁笼蒸春糕	《琼台志》（四十四卷，一九六四年上海古籍书店据宁波天一阁藏明正德刻本影印）	海南省
6	"除夕"，换门神、春联、岁糕、岁饭、红酒、牲肴祀先祖、五祀	《南城县志》（十卷，清同治十二年刻本）	江西省抚州市
7	前数日，各制白糍、年糕、果品相遗，曰"馈岁"	《韶关府志》（四十卷，清同治十三年刻本）	广东省韶关市
8	以糖炊者曰"甜糕"。否则曰"白糕"	《香山县志》（二十二卷，清光绪五年刻本）	广东省佛山市
9	按，古元旦早起，啖黍糕，曰"年糕"	《宾县县志》（四卷，一九六四年黑龙江图书馆油印本）	黑龙江省哈尔滨市
10	作黍糕，曰"年年糕"	《邹县续志》（十二卷，清光绪十八年刻本）	山东省济宁市
11	食粘糕	《林县志》（十八卷，民国二十一年石印本）	河南省安阳市
12	凤兴啖黍糕，曰"年年糕"	《新郑县志》（三十一卷，清乾隆四十一年刻本）	河南省开封市
13	肃衣冠，焚香楮，拜天地、家神，卑幼拜长，进年糕	《名山县新志》（十六卷，民国十九年刻本）	四川省雅安地区
14	凡新年用物，如酒脯、糖糕等，皆各以其力备无缺	《重修彭山县志》（八卷，民国三十三年铅印本）	四川省乐山市
15	各持糍糕以为礼，语云"拜年拜节，糍粑发裂"	《孝感县志》（二十四卷，清光绪八年刻本）	湖北省孝感市
16	凡拜年必有馈，馈以糍，俗曰："糍粑"	《嘉禾县图志》（三十四卷，民国二十年刻本）	湖南省郴州市

[1][2]根据原稿，笔者加注

续上表

17	一种糯米制,即粢粑;一种糯米面、粘米面制,名糙粑。东乡以晚米制者,名"铒块粑"	《平坝县志》(不分卷,民国二十一年贵阳文通书局铅印本)	贵州省安顺地区
18	自初一至初三,仅食糯米、晚米预制之糕,俗称糙粑、耳块粑者	《开阳县志稿》(十三卷编,民国二十八年铅印本)	贵州省安顺地区
19	用米粉和糖,以叶裹之,名曰"年糕"	《峨眉县志》(十卷,清嘉庆十八年刻本)	四川省乐山市

称呼。此外,由于各地物产、气候、风俗和制作诸方面的差异,一些专门用于年节祀神祭祖或馈送的"竹节糕"、"红龟粿"、"甜粿"和"米糕"等糕类食品,如北京市的"江米竹节糕"、安徽省的"二十四粿"、吉林省的米糕、福建省的"糕粿"等都被视作年糕。表列的年糕,其主要原料是糯米、粳米和黍米,从选用的原料分类,年糕可分三大类:一是选用糯米而蒸制的糖年糕;二是选用粳米而制作的白年糕;三是选用黍米而蒸制的黍糕或粘糕。这三类年糕还因各地不同的饮食习俗,在制作过程中添加了当地的特产,如山东省的年糕中往往添加一些红枣或枣泥,福建等华东地区盛产甘蔗、甜菜,因此福建的年糕以蒸糖糕为多。如此一掺和,就又有了新的名称。有意思的是,明明是像粽子一样制作的一种食品,却也称年糕,如表1中序19的年糕:"用米粉和糖,以叶裹之。"这种食品与粽子差不多,但因是腊月制作,而且专用于年节的祭祀与食用,故也被称作"年糕"。表1中序1、2的上海年糕,腊月做的年糕正月吃称节糕,二月吃却变成了撑腰糕,如此不同的称呼,其实是符合中国饮食文化的。同一种食品用于供奉和祭祀时,就是供品和祭品;而在人们的饭桌上出现,就是平常的菜肴和食品。

年糕因年节而称,又因不同的习俗而神秘。

表2是一些地方志记载的年糕制作时间与简易制作方

慈城年糕的文化记忆

法。分析表中所列的年糕制作方法，至少有磨、舂或捣、蒸三个工序，而且年糕的制作时间多为腊月，其次是正月。祭祀或食用的时间大多也是在腊月和正月。从表2看，各地年糕的形状大致有圆形、元宝形、锭形和长条形，这正好与《清嘉录》中所记载的"年糕有黄白之别；又分方头糕、糕元宝、条头糕和条半糕"相吻合。根据表中序3、序4所示，在

表2：各地方志记载的年糕制作时间、制作方法

序	记载内容	方志名称	制食时间	现属地区
1	岁暮磨米为糕，或元宝式与诸物相馈送	《苏州府志》（一百五十卷，清光绪八年江苏书局刻本）	腊月	江苏省苏州市
2	家家以粉和糖为糕，曰"年糕"	《重辑张堰志》（十二卷，民国九年金山姚氏松韵平堂铅印本）	腊月	上海市
3	先期，粉米范以模型蒸而献之，名"二十四粿"，平常称"寿桃"，农人贮至次年春季用以饷耕，取其便也	《歙县志》（二十卷，清乾隆二十六年刻本）	腊月 正月 二月	安徽省黄山市
4	腊月，以米粉制为豚首、蹄、胳之属，及制为糕，谓之"水晶糕"	《黄岩县志》（四十卷，清光绪三年刻本）	腊月	浙江省台州市
5	腊月，各村以粳米捣熟作糕，谓之年糕	《诸暨县志》（六十卷，清宣统二年刻本）	腊月	浙江省绍兴市
6	人家蒸米粉舂作年糕，形如钲，虽贫家不废，以供馈遗及拜贺新年之用	《萧山县志稿》（三十三卷，民国二十四年铅印本）	正月 腊月	浙江省杭州市
7	二十五、六、七等日，亲戚具年糕、牲鳢相馈送	《闽清县志》（八卷，民国十年铅印本）	腊月	福建省福州市
8	"元旦"前，以糯粉潵蔗糖或灰汁笼蒸舂糕，围径尺许，厚五六寸，杂诸果品供岁祀，遂割为年茶，以相馈答	《琼台志》（四十四卷，一九六四年上海古籍书店据宁波天一阁藏明正德刻本影印）	腊月 正月	海南省
9	初七日为"人日"，家家食年糕，取年高益寿意也	《梨树县志》（七编，民国二十三年铅印本）	正月	吉林省四平市
10	家家用米粉作条，宰牲飨神，全（家）老少畅欢，谓之"团年"	《高明县志》（十六卷，清光绪二十年刻本）	腊月	广东省佛山市

26

中国年糕渊源

安徽、浙江两省,还有动物年糕和花样年糕两种,看来民间制作的年糕比史料中记载的年糕样式多得多。

上述年糕,不但称呼有异,而且其形状、制作方法和采用原料也不完全一致,但都是年节食品,是人们心目中的年糕,习惯上也统称年糕。作为各地的特色食品,这些统称为年糕的食品又具有一定的饮食文化内涵。如《满洲四礼集》中记载的撒糕和《清俗纪闻》中记载的年糕,其实都是糖年糕,但具有不同的制、食习俗。撒糕在农历新年(即春节)预择上旬吉日,选洁净细白江米(即糯米)一斗二升,并磨成细粉,然后拌少许水搓细,分两次放入铺有红豇豆的蒸笼内,蒸熟后是七寸见方式样,祭祀时切成十二块。[1]而流传于杭嘉湖平原的糖年糕,虽也是一种以糯米粉为原料的年糕,其制作方法则是"将糯米粉蒸后加糖放入圆形蒸笼再蒸成圆形。可原样食用,亦可切成三四块或制成金锭,大小不等"[2]。这样制作的年糕是如右图的白色圆扁形状,这是清乾隆年日本画工石崎融思、安田素教根据浙江人口述的样式而描绘。

浙江是古百越之地的一部分。浙江的古百越人居于丘陵山峦,利用舟楫在水网地带活动,以渔猎、稻作为业。魏晋南北朝时期,黄河流域一带战争不断,而长江以南的浙江相对安宁,故吸引了北方士族和劳动者的南迁,促进了南北文化交流,渐成的民风民俗既与全国一致又具自己特色。全省各县(市)区亦是如此,浙江的各地年糕习俗也许是个例证。表3是根据《中国地方志民俗资料汇编》、《浙江风俗简志》汇编的浙江省10个地区的年糕。

比较上述全国各地年糕,这里在称呼上多了"水晶糕"或"水浸糕"两个名称,这是因年糕贮藏方式而得名的。《临海县志稿》中记载,水浸糕是以粳米为原料的白条年糕。浙江年糕,除了"水晶糕",还有宁波年糕与众不同,现以诗为证:

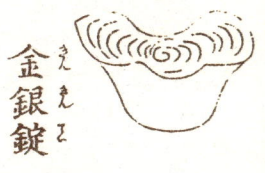

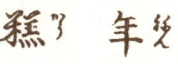

■《清俗纪闻》中的浙江糖年糕

[1]《满洲四礼集》,第759页

[2]《清俗纪闻》卷1,第53页

慈城年糕的文化记忆

宁波年糕白如雪,久浸不坏最坚洁。炒糕汤糕味各佳,吃在口中糯滴滴。苏州红白制年糕,供桌高陈贺岁朝。不及宁波糕味爽,太甜太腻太乌糟。[1]

这是一首晚清江湖百业的"做宁波年糕"一业的题款诗,由此可知一百多年前的宁波年糕的色、质、味、贮、吃法,同时也反映了宁波年糕不同于苏州年糕而受青睐的情形。

应该说,宁波年糕与水浸糕同属粳米制品。据《台州风俗志》记载:水浸糕制作于旧历年底,家家以粳米粉蒸熟揉搓制作年糕,浸水加矾贮藏。以年糕数量多为荣,往往来年二三月仍有贮藏。原来,台州的水浸糕省了一道水浸米的工序,这比宁波年糕少了一道粳米浸泡工序,而是由粳米直接磨粉制作而成,这样做年糕虽然省时省力,但成品的口感生硬、粗糙,所以燥粉年糕不如水磨年糕受青睐。

宁波年糕与众不同的是宁波年糕采用了水磨工艺。

[1] 晚清江湖百业——《营业写真》,西泠印社,2004年5月版,第161页

表3:浙江省各地的年糕习俗

序	记载内容	方志名称	现属地区
1	煮饭盛新笋中,置橘子、年糕于上,元旦蒸食	《杭州府志》(一百七十卷,民国十一年铅印本)	杭州
2	越数日,展拜远近亲友,以年糕、茶点相馈遗 乡居之家皆捣米为粉作年糕(虽贫家不废),以供岁拜贺新年之用	《富阳县志》(二十四卷,清光绪三十二年刻本)	杭州
3	人家蒸米粉舂作年糕,形如钲,虽贫家不废,以供馈遗及拜贺新年之用	《萧山县志稿》(三十三卷,民国二十四年铅印本)	杭州
4	腊月,市区风味小吃猪油玫瑰年糕,郊区舂年糕、吃年糕	《浙江风俗简志》(杭州篇,一九八六年第一版)	杭州
5	腊月下浣,做年糕、米馒首	《忠义乡志》(二十卷,清光绪二十七年刻本)	宁波

续上表

6	凡家用刀尺、斗筲诸器,皆祀以年糕	《象山县志》(二十二卷,清道光十四年刻本)	宁波
7	各家屑米为糕,曰"年糕",又曰"节节糕",有多至数石者	《象山县志》(三十三卷,民国十六年宁波天胜印刷公司铅印本)	宁波
8	家家以粳米作年糕贮水缸中	《南田县志》(三十五卷,民国十九年铅印本)	宁波
9	腊月,各家碾米粉作年糕	《镇海县志》(四十五卷,民国二十年上海蔚文印刷局铅印本)	宁波
10	除夕年晚饭,酒毕全家吃汁水年糕汤或油菜年糕汤,意为新岁油水多,年年高;饭前,各家水缸挑满水,米缸内放置米团制作的"元宝"、"如意年糕"和一碗饭,谓之"缸缸满、氅氅满、满米缸"	《浙江风俗简志》(宁波篇,一九八六第一版本)	宁波
11	炊糕相馈,曰"馈岁",或以糕浸井(井,应为水,笔者注),曰"水晶糕",至正月客来供之	《乐清县志》(三十八卷,清光绪八年刻本)	温州
12	屑粳糯蒸之为年糕	《山阴县志》(三十卷,民国二十五年绍兴县修志委员会铅印本	绍兴
13	腊月,各村以粳米捣熟作糕,谓之年糕	《诸暨县志》(六十卷,清宣统二年刻本)	绍兴
14	腊月二十三后祭祖,完毕,用煮福礼过的汁汤烧年糕或面吃,叫做"散福",表示神所赐福散给了一家人;除夕晚餐曰"年夜饭",各家菜点必备年糕、粽子各一盘,读书人家寓意"高(糕)中(粽)",说是来年必中科甲;普通人家则取"年年高"、"代代子"	《浙江风俗简志》(绍兴篇,一九八六第一版本)	绍兴
15	留年糕食之,名"撑腰糕",令人不腰痛。磨粉和饴饧为糕,曰"年糕"	《南浔镇志》(四十卷,清同治二年刻本)	湖州

续上表

16	磨粉和糖为糕,曰"年糕"	《归安县志》(四十卷,清光绪八年刻本)	湖州
17	磨粉和饧饧为糕,曰"年糕",谚云:"冬节团子年节糕"	《菱湖镇志》(四十四卷,清光绪十九年临安孙氏刻本)	湖州
18	初二日,煮年糕 磨米粉炊作糕,曰"年糕"(比户皆然)	《双林镇志》(三十二卷,民国六年上海商务印书馆铅印本)	湖州
19	家磨粉和饧饧为糕相饷遗,曰"年糕"新娶妇家,母家馈年糕,名"致年节"。亲戚互相馈遗,名"年节礼"	《乌青镇志》(四十四卷,民国二十五年刻本)	嘉兴
20	岁时既竣,各家蒸糕圆(糕,名年糕;圆取团圆)	《武康县志》(八卷,清乾隆十二年刻本)	湖州
21	磨粉和饧饧为糕,曰"年糕"	《湖州府志》(五十卷,清乾隆四年刻本)	湖州
22	岁时既竣,各家舂米粉作糕团(糕,取年高;团取团圆)	《安吉县志》(十八卷,清同治十三年刻本)	湖州
23	二十四日"祀社",荐年糕	《汤溪县志》(二十卷,民国二十年铅印本)	金华
24	浦江到子夜时分每户一人点清香,持红灯,集队到东村庙殿敬神,俗谓"出行"。行归合家吃点心,多系芋芳、番薯、年糕、面条之类,取有余、翻身、高升、长寿之意	《浙江风俗简志》(金华篇,一九八六第一版本)	金华
25	腊月,以米粉制为豚首、蹄、胳之属,及制为糕,谓之"水晶糕"	《黄岩县志》(四十卷,清光绪三年刻本)	台州
26	谢年前,家家以粳米制水浸糕,以糯米制馈糍,以多为体面,虽贫户亦制数斗焉	《临海县志稿》(四十二卷,民国二十四年铅印本)	台州
27	作糕供客,渍水中,曰"水晶糕"	《太平县志》(十八卷,清光绪二十二年刻本)	台州

中国年糕渊源

续上表

28	家家以粳米作年糕，贮水缸中渍之，曰"水浸糕"	《玉环厅志》（十四卷，清光绪元年刻本）	台州
29	谢年所用供品各地不一，唯有猪头、黄鱼鲞、年糕不能取代	《浙江风俗简志》（台州篇，一九八六第一版本）	台州
30	比户用精米作糍，或作粉团，调以饴，名曰"年糕"	《景宁县志》（十四卷，清同治十二年刻本）	丽水
31	十二月，自朔至晦，各家择日制年糕	《定海县志》（不分卷，民国十三年铅印本）	舟山
32	年初一的早餐吃糖煮年糕，或与酒酿混煮，以讨生活年年高的兆头；十二月开始，一岁将终，家家做年糕，办年货，并择日祭神	《浙江风俗简志》（舟山篇，一九八六第一版本）	舟山

海外年糕

海外也有作为稻米粉食食品的年糕。年糕除在海外各国的华人圈流行外，亚洲其他一些国家也有与年节紧密相连的年糕，像日本、韩国等国家，过年时也是祭拜祖先，全家团聚并一起享受丰盛的节日大餐。

日本 日本人过年时和中国人一样，习惯吃年糕，结婚、生孩子、祭祀及建房、造船竣工时都要举行隆重的打年糕仪式。[1] 年糕入境日本，有两种可能：一是年糕先传到朝鲜，再传入日本；一是由中国商人直接传入。笔者认同后一种观点，因为有《清俗纪闻》为证。年糕由中国商人传入日本后，日本人传承了清朝时江浙两省的圆形年糕制作方法。光绪三年(1877年)，黄遵宪在《日本国志》中记载日本腊月风俗："十二月廿日后，家家舂糍具饮馔之料，以为新年之储，岁终舂糍之声比屋相接，市肆有以舂糍为业者，其

[1]《中华名点文化与制作》，第62页

糍圆如者曰镜糍。"[1]

据程蔷的《过年：从传统到现代》中的研究观点：日本的过年习俗与中国有些相似，大平与兵卫于天保十年（1893年）所写的《农家年中行事记》记述了东京以外地方普通农家正月拜祭祖庙的情况，其中的正月元旦，吃过杂煮饼之后，一家之长就和长子一起去拜谒先祖墓所在的菩提寺。腊月二十五，学校开始放假；二十八，各单位也开始放假。此时，家家户户门口装饰用青松绿竹做成的门松，悬挂稻草绳扎成的轮饰，以及交让木、里白、福寿草、梅花等花木，房内则供奉用年糕叠制、上放橘子以象征吉利的镜饼。

综上所述，无论是黄遵宪记载的镜糍，还是程蔷研究的年糕，与中国的糖年糕相似，都是糯米与水的结合物，经过磨、舂和蒸而成，是年节祭祀的食品。日本的年糕样式分圆形、方形和菱形三种，但以圆糕居多，因而在日本，年糕与其他饼类食品还统称"果子"。有的地方用纯糯米制作称"真黏糕"。但不管样式如何，日本的年糕原料都是以稻米为主，且经水磨、捣舂、蒸熟等工序，所不同的是因口味需要，在加工时掺入其他原料，如掺入黄豆，制成安培川年糕；用紫菜卷年糕吃，则叫海边年糕；另还有纳豆年糕、草年糕等。

在日本友人家打年糕

口述者：卢杰 47岁 旅日华人

口述时间：2010年8月

口述地点：宁波市荣安世家

大约2007年12月，我去横山宏章先生家打年糕。横山宏章是北九州大学教授，家在东京都新座市。噢，我想起来，那天是12月30日。

---

[1]（清）黄遵宪著，吴振清等点校：《日本国志》，天津人民出版社，2005年1月版，第869页

中国年糕渊源

到横山先生家时,一些朋友、先生的学生也陆续到了,加上先生的家人有近二十人。横山在院子里生了火炉,蒸米粉。十来分钟以后,米粉熟,我们将之倒入长细状的木桶,有两个朋友最先举起木杵开始打年糕。之后,我们每人轮流操几下,还有横山先生的儿子、女儿也和我们一起操年糕,从上午开始,一直做到临近中午,大家共同祝愿新年好。

日本的年糕与宁波年糕的不同,他们的年糕是用糯米做,蒸好后裹着馅儿吃的,这好像我们这里吃年糕团。当我们围坐在一起吃年糕时才知:新年打年糕是日本的传统。横山先生家的新年打年糕至少已经坚持十几年了。那天,与我们一起打年糕的还有朝日新闻社编辑赤藤了勇夫妇。

■ 横山宏章先生生火炉蒸年糕粉(卢杰摄)

慈城年糕的文化记忆

■ 中日朋友一起打年糕,祝贺新年(卢杰摄)

日本的年糕占卜[1]

2009年1月7日,在日本秋田县(相当于中国的省)にかほ市的小泷村落举行了据说开始于室町时代的"曼荼罗年糕占卜",在占卜的时候,被烧烤的年糕上出现了百年才得一见的三大裂痕。操作的年糕男人在摊开后直径约50公分的年糕上放上纸张,然后点火让其燃烧,根据年糕被烘烤后形成的龟裂形状占卜一年的吉凶,裂痕越大说明征兆越不好。当被烘烤后的年糕上出现三条大的裂痕时,围观的人群顿时骚动起来,纷纷表示:"这样的龟裂还是头一回看到。"

[1]摘自笪志刚博客的日志

中国年糕渊源

虽然是带有偶然性和唯心成分的占卜,但联想到美国次贷危机带来的影响,这次占卜给忐忑不安的人们心头又增添了一丝忧虑。不过,当人们津津有味地吃着被切开的年糕时,那脸上的开心笑容还是将危机带来的失业等不快掩藏起来,"味道不错,未来还是有希望的。"一边吃着年糕,一边露出的笑容还是很灿烂。

在日本吃年糕团

口述者:裘燕萍 女 43岁 宁波海曙区文保所所长

口述时间:2010年4月

口述地点:天一阁昼锦堂

2009年8月,我去日本奈良地区,参加传统节日——灯花会,在奈良古都街头巷尾都扎灯亮灯,日本男女穿上和服、木屐观灯赏灯。在一条奈良老街,记不起街名了,街中有家打糕店。打糕店门面不大,但气氛热闹,老远就传来打糕声,两个壮汉身着和服,头裹白毛巾,挥轮木杵,极其快速有节奏地上下捶打木桶中的米糕,口里还唱着"嘿哈、嘿哈"的打糕号子。不一会儿,热腾腾的年糕坨出桶,一旁的女店员飞快地在案板上扯团,揉上豆青,包上各种馅,现做现卖。我和我的游伴排队买上柔软可口的年糕团,边走边看边吃。

韩国 韩国和中国的文化背景相似,过传统节日又有很多相同之处。韩国人像中国人一样,把年节当做较为重要的传统节日,认同的是一家人祭祀祖先和团团圆圆。

除夕,大多数的韩国人聚集在父母家吃团圆饭,当天一家人相聚一起制作祭祀食品。韩国人祭祖一般在年节、中秋节这两个传统节日举行仪式。供奉祖先的食物,都做得很用心,很漂亮,以表示对先人的尊敬。韩国人年节的特

色饮食是年糕汤。之前,家家用白米磨成粉,煮熟打成条的白年糕是韩国年节的代表性食物。[1]

新年第一天,每家人会早早起床,穿上华丽的韩服,祭祀祖先。韩国人认为,逝去的祖先只有在新年这天才会回来,吃掉祭祀的食物。祭祀时,在写着祖先名字的灵位上供上各种食物,倒上酒,然后一家人开始行跪拜礼,向祖先表达感激之情,并祈求祖先保佑家人的平安和健康。

完成仪式后,一家人围坐在一起吃年糕汤。据说古代的韩国人崇尚太阳,白色的小圆状米糕片就代表着太阳,新年第一天第一餐吃米糕片汤代表着迎接太阳的光明。依照原始的宗教信仰,这也代表着辞旧迎新、万物更生复活之际的严肃和清洁。

韩国的民俗认为,新年吃上一碗年糕汤,才能长一岁,因此长辈鼓励孩子们吃年糕汤,而孩子们也乐意吃。

---

[1]崔真欣著,吴讳译:《大长今宫廷御膳》,湖南科学技术出版社,2005年11月版

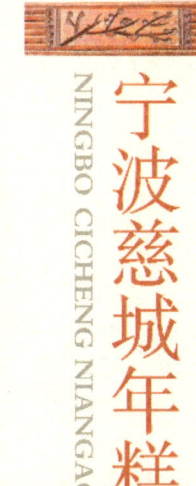

宁波慈城年糕

NINGBO CICHENG NIANGAO

 慈城年糕的制作作坊像一条脱了齿的拉链,虽然残缺不全,但是反映了慈城年糕的发展历史,尤其是年糕作坊的历史。

宁波慈城年糕

有古诗曰:"宁波年糕白如雪,吃在口中糯滴滴。"当代出版的《中华名点文化与制作》一书中列举全国十四种特色年糕,宁波水磨年糕紧跟苏式猪油年糕、苏式桂花糖年糕,列居第三。

《宁波市志》中记载:"宁波年糕柔滑细腻,久浸不糊,昔以梁湖米年糕、水底清年糕著称,今以慈城年糕较佳。"[1]

据此,宁波年糕包含慈城年糕,慈城年糕是宁波年糕的代表,宁波年糕、慈城年糕一脉相承。

来历考略

1973年在今余姚境内发现了河姆渡遗址,距慈城镇5公里。1973年和1977年对河姆渡遗址的考古发掘中,出土了骨器、陶器、玉器、木器等各种材质做成的生产工具、生活用品、装饰工艺品,以及人工栽培稻遗物、干栏式建筑构件和动植物遗骸等文物近7000件,全面反映了我国原始社会母系氏族时期的繁荣景象。河姆渡遗址的发掘为研究当时的农业、建筑、纺织、艺术等东方文明,提供了极其珍贵的实物佐证。其中的人工栽培稻遗物,证明了早在7000年前慈城地区原住民就已经开始种植稻谷。稻米至米糕,米

[1] 俞福海:《宁波市志》,中华书局,1995年10月版,第2825页

慈城年糕的文化记忆

糕至年糕的变迁,虽然没有找到相应的文献记载,但笔者所调查的慈城地区,即下图所示的区域,有关年糕的民间传说十分丰富,除了上述与伍子胥有关的城砖年糕之外,还流传有《打年糕》、《慈城年糕进贡》等民间传说。这些流传于姚江北岸的故事告诉人们:慈城年糕制作的年代久远,而且与老百姓的生活息息相关。

■ 笔者实地调查的主要区域

宁波慈城年糕

宁波的地方文献《桃源乡志》[1]中的物产篇记载:"良湖稻(可做年糕)"。这一记载,至少证明宁波人早在清康熙朝之前已经开始做年糕了。那么,慈城作为宁波府下属的慈溪县县城,做年糕的年代至迟也应在这个时期。

年糕作为大众稻米粉食实在太普通,如同我们每天食用的大米饭,故没有引起关注而被载入清康熙之前的宁波地方文献史料。然而,此前的宁波已种植专做年糕的稻作,以此推断,一是年糕制作已相当普及,二是制作时间绝不限同期。

笔者收藏的年糕模板中,有一副咸丰辛酉年的年糕模板(见上图)。这副年糕模板表明当时或此前的年糕制作技艺已相当成熟,而且已出现印花年糕。也说明了在此前应该已经有相当长的年糕制作历史。

咸丰年糕模板长29公分,宽度8.4公分,内芯长19.5公分,宽5.6公分。糕板背面隐约可见书有黑墨文字,但一直难以辨认。2009年5月,笔者请慈城摄影师沈国峰将模板拍成照片,在电脑上看照片时,突然发现实物上难辨识的文字居然隐约可见,放大后电脑屏幕显示这副模板置办的年号——咸丰辛酉和置办人的姓名——林永X,虽然姓名中仍有一字难以辨别,但这块糕板是目前发现的水磨印

■ 咸丰年间制作的年糕模板

[1](清)臧麟炳、杜璋吉:《桃园乡志》,方志出版社,2006年1月版

慈城年糕的文化记忆

花年糕制作工具最早的实物,时间为1861年。据慈城老人冯一敏口述:旧时的大户人家大多都有这种大小的年糕模板。旧时的慈城人大多会做白条年糕和糖年糕两种。白色如银,黄色如金,看来这是先人"年岁盼高时时利"心愿的真实写照。

笔者收藏的另一块年糕板背面书有"舒福兴戊戌"(见左图)。戊戌年,为1958年,1898年……这块年糕板的正面花样为头戴官帽的戏剧人物和桂花,意寓状元及第。1906年取消了科举考试,而且1958年是中华人民共和国成立之后的"大跃进"年代,不会用戊戌纪年,据此可以推断:这块年糕模板置办年代最迟为1898年。另一副书有"光绪辛丑年"(1901年)的年糕模板(缺模框),岁月将置办这块糕板的主人的名字模糊了,但"房办"两字仍然清晰可辨(见左下图),从这些信息可以确定,清晚期,不同家族已开始置办做年糕的印花工具。前述的《营业写真》把"做宁波年糕"列入晚清江湖百业,此时的慈城年糕不仅是地方产品,而且已是上海及附近地区的大众食品。不仅如此,此时的宁波人,尤其是慈城人,制作年糕要印花样,印花样要用年糕模板,因为家家户户都要做年糕,因而家家都要备年糕模板。众所周知,年糕是邻舍隔壁几户人家合做的,为识别自家的年糕模板,不少家族就在新做的年糕模板上书写或雕刻了制作年号和家族姓名,如置办于民国三十三年的年糕模板。

■ 戊戌年年糕模板

■ 光绪辛丑年年糕模板

宁波慈城年糕

从这些年糕模板来看,当时人们书写标记的位置不同,有的在背面,有的在侧面,也有的在模板两头,如下图中的年糕模板一头各书"天"、"地"、"元"、"黄"文字,成为一套四副年糕模板。这四个字取自千字文首句"天地玄黄,宇宙洪荒",只是为了避康熙皇帝玄烨的名讳,将"玄"改为"元",以"天"、"地"、"元"、"黄"作记。由此可见,这套年糕模板的置办年代最晚应是晚清年间。年糕板上书写的字体也是有的工整,有的潦草。虽然如此,当年为作记号而留下的文字信息现在却成了考证年糕制作渊源的最好证据。

■ 侧面书有制作年代的年糕模板(纪平收藏)

■ "天地元黄"年糕套板

综上所述,根据年糕的定义,慈城水磨年糕虽然与苏州的糖年糕、北京的黍糕采用的原料有所不同,其制作工序除了共有的磨、捣、蒸,又有所差异,但其制作的起源也应与全国各地的年糕一样,始于西周,兴于明,盛于清朝及民国。具体考证如下:

年糕模板的记载　笔者收藏的年糕模板,有些标有置办的年号和家族姓名,如方裕兴年糕模板。方家于光绪丁未年(1907年)置办的十副年糕模板,笔者收藏了其中的五副。这次做田野调查,笔者曾带着这套年糕模板,希望能找到模板主人的后代或者知情者,但最终没有找到。虽然如此,这套年糕模板与其他标有年份的年糕模板足以证

慈城年糕的文化记忆

■ 方裕兴置办的年糕模板

1861年

■ 标有晚清年号的年糕模板

1898年

1901年

1906年   1906年

1906年

1907年

明在1910年之前，宁波地区做年糕已相当兴盛，标有晚清年号的年糕模板即为当时使用的式样丰富的模板。另有一些没有标明年份的模板，其外观及雕刻花样、技艺与这些标有年份的也十分相近。

文献资料的记载　　宁波的地方文献中最早记载"年糕"两字的是清朝康熙年间的《桃源乡志》。明嘉靖三十九年的《宁波府志》记载："'元日'，陈果饵、酒馔以祀其先，序拜尊长；'岁除'前数日，各以牲羞、果饵馈送亲友，谓之'馈岁'。"[1]饵，即糕饼，以米粉蒸制而成。已说明三点：第

[1]《中国地方志民俗资料汇编》（华东卷），第763页

宁波慈城年糕

一,宁波年节祭祀用糕比年糕早,这与全国各地年糕出现的情形相同;第二,饵之类的糕,可能是宁波年糕的雏形;第三,年糕是农民的年节祭品、大众食品,没有引起足够的关注而被文献粗略记载。

从表4所列的宁波年俗中,可发现宁波年糕制作日期大多在腊月,却跨年贮藏,以备平时的食用。也就是说至清末民初,宁波年糕从祭品、礼品,又还原到本来的食品,从中说明年糕既是年节中不可缺少的祭祀物品,又是大众的年节与平常的食品。表4还显现,随着年代距今越来越近,有关年糕的记载也越来越多,这似乎展现了宁波(慈城)年糕的发展历程。

表4:宁波方志中记载的宁波年俗(以时间排序)

序	记载内容	援引方志
1	"元日",陈果饵、酒馔以祀其先,序拜尊长 "岁除"前数日,各以牲羞、果饵馈送亲友,谓之"馈岁"	《宁波府志》(四十二卷,明嘉靖三十九年刻本)
2	"岁除"前数日,各以牲羞、果饵馈送亲友,谓之"馈岁"	《慈溪县志》(十六卷,清雍正八年刻本)
3	"岁除"前数日,各以牲羞、果饵馈送亲友,谓之"馈岁" "除夕",各祀神及先,谓之"送岁"	《宁波府志》(三十六卷,清乾隆六年色超补刻本)
4	"岁除"前数日,各以牲羞、果饵馈送亲友,谓之"馈岁" "除夕",具牲醴祀神,谓之"送岁"	《象山县志》(四十卷,清乾隆二十四年刻本)
5	"岁除"前数日,各以牲羞、果饵馈送亲友,谓之"馈岁" "除夕",具牲醴祀神,谓之"送岁"	《奉化县志》(十四卷,清乾隆三十八年刻本)
6	岁终前数日,各以牲羞、果饵相馈,谓之"馈岁"	《镇海县志》(八卷,清乾隆四十五年周樽增补印本)
7	"岁除"前数日,各以牲羞、果饵馈送亲友,谓之"馈岁" 凡家用刀尺、斗筲诸器,皆祀以年糕	《象山县志》(二十二卷,清道光十四年刻本)
8	"元日"先夕,陈果饵、酒馔以祀其先,序拜尊长 "岁除"前数日,各以牲羞、果饵馈送亲友,谓之"馈岁"	《鄞县志》(七十五卷,清光绪三年刻本)

续上表

9	新正数日内翻炊食之蒸糕煮糖,具杂肴以须宾客	《余姚县志》(二十七卷,清光绪二十五年刻本)
10	腊月下浣、做年糕、米馒首	《忠义乡志》(二十卷,清光绪二十七年刻本)
11	岁前数日,亲戚各以牲羞、果饵相馈,谓之"馈岁"	《宁海县志》(二十四卷,清光绪二十八年刻本)
12	"岁除"前数日,各以牲羞、果饵馈送亲友,谓之"馈岁" "除日",具牲醴祀神,谓之"送岁"	《奉化县志》(四十卷,清光绪三十四年刻本)
13	"元旦"晓起,家堂设香案,陈果品供神祇,谓之"谢天地" 各家屑米为糕,曰"年糕",又曰"节节糕",有多至数石者 岁终前数日,各以牲羞、果饵馈送亲友,谓之"馈岁"	《象山县志》(三十三卷,民国十六年宁波天胜印刷公司铅印本)
14	家家以粳米作年糕贮水缸中	《南田县志》(三十五卷,民国十九年铅印本)
15	"元日"先夕,陈果饵、酒馔以祀其先,悬遗像于堂,序拜尊长,男子则出拜宗族亲戚,谓之"贺岁" 腊月,各家碾米粉作年糕 岁终前数日,各以牲羞、果饵馈送亲友,谓之"馈岁"	《镇海县志》(四十五卷,民国二十年上海蔚文印刷局铅印本)
16	十二月中自朔至晦各家择日制年糕	《鄞县通志·文献志》(民国二十二年铅印本)
17	除夕年晚饭,酒毕全家吃汁水年糕汤或油菜年糕汤,意为新岁油水多,年年高;饭前,各家水缸挑满水,米缸内放置米团制作的"元宝"、"如意年糕"和一碗饭,谓之"缸缸满、甏甏满、满米缸"	《浙江风俗简志》(宁波篇,一九八六第一版本)

晚清以后,涉及宁波(慈城)年糕的记载还多见于外埠文献史料。清戊辰年(1868年),童岳荐手抄了《调鼎集——清代菜谱大观》,其中第九卷点心部记录了当时(此前)年糕的做法:"切片,入笋片、木耳,脂油煎,加酱油。又,年糕,揉入桂花、洋糖,切方条,亦可煎用。"[1]童岳荐,号北砚,是在扬州的会稽盐商,其编撰的《调鼎集》中虽以记载扬州菜

---

[1](清)童岳荐著,张延年校注:《调鼎集》,中州古籍出版社,1991年1月版,第166页

■ 烟画——《做年糕图》

系为主,但不能不说也体现了江南的风味。由此可见,1868年前,年糕至少有咸、甜两种吃法。年糕的切片、入笋片加酱油的这一吃法,应是白条年糕的吃法,有可能就是宁波水磨年糕。据此推理,时至1868年,宁波水磨年糕走出宁波,成为江南较为普遍的稻米粉食主要品种。关于宁波水磨年糕走出宁波的时间,上述的做年糕图足以证明晚清时宁波年糕已风靡上海及周边地区。

19世纪末期,设在上海的中外香烟公司以随每盒香烟赠送烟画[1]作促销,美国北卡罗琳娜烟草公司出品的烟画中有一幅《做年糕图》,如上图这张随香烟赠送的《做年糕图》,由慈城籍烟画收藏家、被誉为"画片大王"的冯孙眉之子冯懿有提供拍摄。从画面展示的信息认定这是一幅做年糕印花工序图,从画面人物的服饰分析,应是作坊制作的场面。印花年糕是慈城年糕的一大特色。另据笔者研究,清末民初,慈城年糕制作进入作坊制作阶段;同时,慈城年糕已风靡上海及周边地区,由此推断:烟画《做年糕图》展示的可能是宁波慈城做年糕的场景。

清晚期,年糕也开始进入士大夫的视野,并出现了年

[1]烟画:一种附衬在烟盒内的小硬片,一般一面是图画,一面为广告。旧时的上海人俗称"香烟牌子",天津人俗称"毛片"。

47

慈城年糕的文化记忆

糕诗。

年糕诗主要是竹枝词,其中有胡杰人的《正月竹枝词》。胡杰人为清同治年间余姚人,时属绍兴府,但地域与慈城相邻,自然与慈城文人诗文唱和,他的"登筵还有炒年糕",说明慈城人乃至宁波人食用年糕不仅相当普遍,而且还产生了年糕文化,可见其食用之盛,影响之广。

之后,宁波还出现了年糕销售广告。附录七是《宁波报纸刊登的有关年糕新闻存目》,其中的《时事公报》于民国二十八年(1939年)刊登了"桂花白糖年糕、桂花猪油年糕上市了"的广告。

有关年糕的口述资料 慈城地区,有关年糕的口述资料比较多,除上述《年糕的来历》外,还有《打年糕》、《慈城年糕进贡》、《年糕的故事》等。《年糕的来历》故事发生在上古,《慈城年糕进贡》、《年糕的故事》发生在南朝,《打年糕》虽没有时间概念,但也是古代流传至今的故事。

除年糕的故事,慈城地区还有一些是有关年糕制作的口述资料。据传,清朝同治年间,有个陈姓的慈溪人,受豆腐的制作方法启发,采用了夹水带浆磨糊、滤水抽干工艺,再行捣舂来制作年糕。[1]之后,世代传承,乡人仿制,慈溪年糕渐渐闻名遐迩。

慈城,自唐朝开始一直为慈溪县治所在地。1954年,以镇海、慈溪、余姚3县的北部新设慈溪县,并移县治于浒山镇。原县治孝中镇划归余姚县,为了避免称呼的混淆,原县城孝中镇改名慈城。因此慈城年糕的称呼是20世纪50年代后期才出现的。因而一些老宁波人称呼的慈溪年糕实以慈城年糕居多,尤其是在海外的老宁波人。2003年,一位在台湾的宁波人在《难忘儿时过年搓汤圆做年糕》中所提及的"从慈溪外婆家带回的水磨年糕"便是如此,具体内容见后。[2]

---

[1]宁波市慈城镇人民政府:《慈城年糕原产地标记注册申报材料》,2003年8月

[2]应凤鸣:《宁波同乡》第407期,台北市宁波同乡会,2003年2月

宁波慈城年糕

2009年春天,笔者在慈城最西南的三勤村阮家自然村找到一块年糕模板,这户人家已将它当做了窗台的插销,如右图。年糕模板的主人88岁的阮圣友大爷说:"从小就用这块年糕模板印年糕。这年糕模板还是阿爷请春作木匠[1]制作的。"

另据林阿二大爷介绍,过去家家户户做年糕,家家都备年糕板,后来机器做年糕,年糕模板没用场,有的人家当柴烧了,有的人家当破烂卖了。

上述关于年糕模板,文献资料记载和田野调查中所得的口头记忆足以证明,慈城年糕手工制作历史符合中国年糕的起源、兴盛之说,即始于西周,兴于明,盛于清朝及民国。

■ 当插梢的年糕模板

品种特色

从选用的原料分类,宁波慈城年糕分以糯米为原料的糖年糕和以粳米为原料的白年糕。白年糕按制作工序又可分燥粉年糕与水磨年糕。

旧时宁波农村制作的大多是水磨年糕,自家吃不完便挑着夹箩进城叫卖年糕,因而民间常将各地产的水磨年糕冠以地名,如旧时的慈溪年糕(即为现在的慈城年糕)。

同样的水磨年糕,按最后一道工序不同,民间称呼慈城年糕又有所不同,做成如光板年糕、印花年糕、生肖年糕、元宝年糕和糖年糕等。光板年糕搓圆不印花,有的用手压一下,便成了或圆、或方的条。圆条,切片,正如上述的海外年糕被韩国人认作太阳那样。印花年糕因印糕模板有座印和揿印之别,前者称方头年糕,后者称圆头年糕,圆头年

---

[1]春作木匠:方言,意指做农具的木匠师傅

慈城年糕的文化记忆

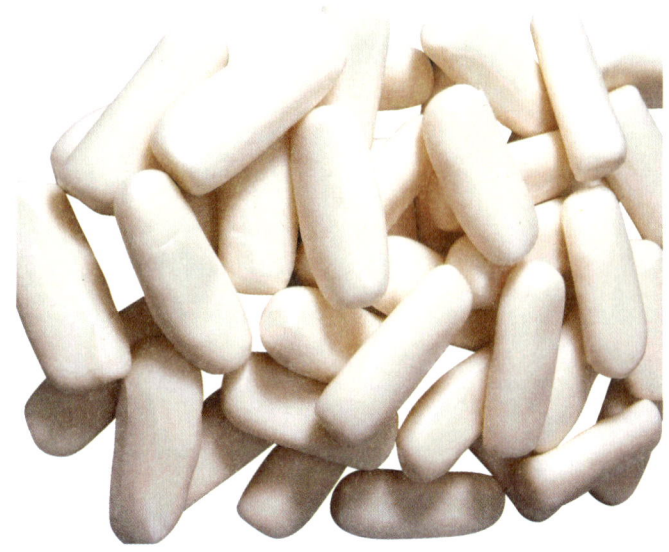

■ 光板手工慈城年糕

糕俗称踔倒蒲鞋[1]。印花年糕还因印糕模板的形状不同，又有定糕、如意糕之别，这些年糕统称为"手工水磨慈城年糕"，简称"慈城年糕"。

慈城年糕的手工制作技艺随着农业文明的发展而逐渐成熟，又随着工业文明的发展而逐渐衰退。在悠悠的岁月中，从制作形式和制作规模来分析慈城年糕的发展历程，至少可以分为合作制作、作坊制作和工厂制作的三个阶段。

旧时的慈城，每年腊月城乡居民家家户户大多做年糕，即使经济窘迫的人家也要买几斤年糕过年，因为年糕既可作为祭品敬神供祖，又可当饭作菜，是实惠的春节食品。最初的年糕制作是几户人家合伙制作，大多以居住相近的自然村为合作单位，三五户人家商定后，各自浸好大米，然后联合做年糕。

---

[1]踔倒莆鞋，方言，即农村的草鞋。"踔"意为"踩"，音读"闹"。

宁波慈城年糕

■ 邻居相约做年糕

如上图中所示的那种形式是慈城年糕的原始制作阶段,即合作制作。

　　合作制作的年糕大多是水磨年糕,其系列有印花年糕、元宝年糕、生肖年糕等。其中印花年糕的外形尺寸有大、小两种,形状分圆头和方头,而元宝年糕和生肖年糕则按需制作,形状却是五花八门。宁波各地也做上述花色年糕,但做的数量、品种有所区别。据老人冯一敏回忆:旧时慈城人家要么不做年糕,要做非做印花年糕不可。这是慈城年糕区别于宁波其他区域年糕的重要特色。上面已提

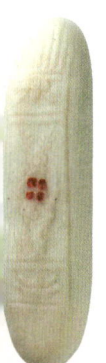    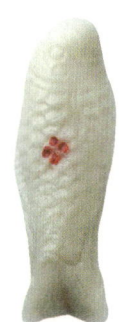 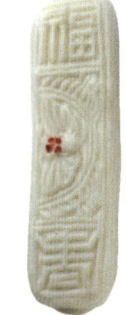

■ 慈城年糕的样式

慈城年糕的文化记忆

到,慈城年糕全是水磨年糕。而同期的宁波年糕有燥粉年糕,也有水磨年糕。即使水磨年糕也不是所有年糕都印花纹的,而是滚圆,直接手一压,就成年糕;而慈城年糕在民国前大多是用年糕模板印过花色品种。因此,合作制作的慈城年糕具有花色多样性,加工专业性的特点。

合作制作阶段,大户人家也制作一些糖年糕。糖年糕分两种,一种与水磨年糕制作相同,在揉碎的年糕粉中掺入糖,然后做成约12厘米长、9厘米宽那般大的糖年糕。另一种却用七成晚粳米和三成糯米燥磨成米粉,然后拌入糖水蒸制而成。比较一般狭窄长条形年糕,状元糕为长方形,如左图所示的印状元糕模板。又因糖的颜色而呈姜黄色。糖年糕也称状元糕,这是以展示慈城的科举文化为特色的年糕。

作坊制作阶段的年糕制作就有了专门的工场,虽然没有史料表明慈城年糕的作坊制作始于何时,但从笔者对年糕模板、地方文献和口述材料的对比考证发现,慈城年糕的作坊制作(最迟)始于清末民初。表5是部分座印年糕模板的置办年代与模板花样主题。

表5中的"李协大号"是慈城地区一年糕作坊,其中李协大号(1)的两侧分别以"甲乙丙丁"等天干和"一、二、三"中文数字标号,如左图,虽然这套年糕模板没有标明制作的年号,笔者的收藏也不全,只有六副,其中一副标"九"与"壬"。

按照清朝以前多用天干标数习惯,进入民国后渐用数字标数习惯的常识分析,李协大号置办

■ "状元及第"年糕模板(局部)

■ 一套两侧分别标有天干和数字的年糕模板

宁波慈城年糕

表5：部分座印年糕模板的置办年代与花样主题

序	字号	花样主题	收藏数量(副)	置办年代	材质
1	李协大号(1)	平升三级、红顶花翎、和合而喜等	6	清末民初	楮木
2	李协大号(2)	和合而喜等	3	民国初年	楮木
3	方裕兴	天仙祝寿、纳祥祝寿、多子多福、科举如意、五福祝寿。	5	1907年	木荷
4	林永X	福寿双全	1	1861年	木荷
5	张XX	四艺之围棋、立轴中国画等	3(缺框)	1881年	枫杨
6	XX房	春兰秋桂和兰桂齐芳	1(缺框)	1901年	枫杨
7	弓吉	瓜迭绵绵、年年贺喜	2	清末民初	木荷

这套年糕模板的时间应该是在清末民初，而且这套年糕模板数量应有9-10副。李协大号(2)的一面以中文数字标数，另一面则是空白，如下图，两套同一作坊的年糕模板却有不同标法。据此推断，李协大号(2)的制作年代比李协大号(1)晚一些，但按上述思路这套年糕模板应该也有9-10副。表5的序3、4也佐证李协大号(1)的年糕模板置办的时间为清末民初。序3、4年糕模板分别为方姓和林姓两户人家自家置办的年糕模板，时间分别是1861年和1907年，这两套年糕模板与李协大号的年糕模板不同的是，前者上了漆，而后者没有漆。一年用一次的家族年糕模板通过油漆一下加以保护，而使用频繁的作坊年糕模板不上漆，也是常理。

比较序1、2、3、4的年糕模板外观还发现，3号的方裕兴年糕花样棱角分明，而1、2、4号年糕模板的花样棱角已磨损得很圆

■ 同一作坊的两套年糕模板不同标记法

慈城年糕的文化记忆

润,如四种年糕模板磨损对比图所示。这是因为序 1、2 是作坊年糕模板,使用频繁,而序 4 林永 X 年糕模板虽是一家一户独用,但因置办的年代比序 3 早 46 年,使用次数自然要比方裕兴年糕多得多了。据此也可推断李协大号(1)制作时间可能是在清末民初。这样,根据李协大号的两套年糕模板所记载的信息可以得出结论:

一、清末民初,慈城地区已开设了年糕作坊;

二、同期,年糕作坊已成一定规模,制作旺季作坊的印糕人员至少在 18—20 人左右。

再比较前面所示的《做宁波年糕图》与烟画《做年糕图》,前者图中的制作者为两男一女,另一图中是三个男人,年糕制作人的组合方式不同,按上述慈城年糕制作阶段推断,认定《做宁波年糕图》中为合作制作年糕,而烟画

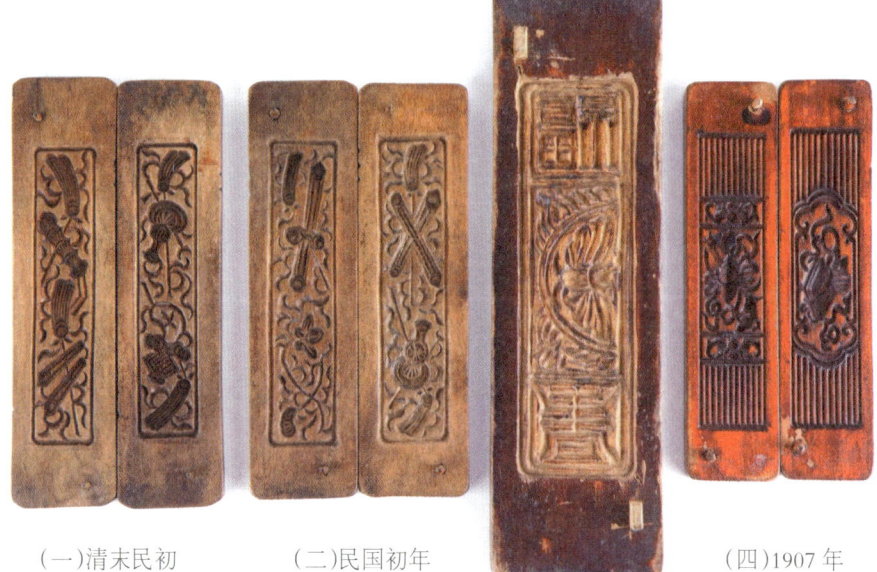

(一)清末民初　　(二)民国初年　　　　　　　　　　(四)1907 年

(三)1861 年

■ 四种年糕模板磨损对比图

宁波慈城年糕

《做年糕图》则是自由搭配作坊式制作年糕。同时,这两幅画刊登的日期分别是晚清与清末,这说明清末前的宁波年糕已进入作坊制作阶段,并走出宁波,风靡上海及附近地区。实物与史料相互印证了慈城年糕的作坊制作(最迟)始于清末民初并具一定制作规模。

关于"清末民初慈城地区已开设了年糕作坊"的推断还可以从庄国平先生的口述资料中得到印证。

爷爷的"莊永大"腊月做年糕

口述者:庄国平,55岁,宁波粮机厂厂长

口述时间:2010年8月

口述地点:慈城日新路

我家祖籍在镇海庄市,有祖传做面食手艺。太公将其一家从庄市迁到慈城(时称慈溪),在下横街租房,一年四季做面食生意,主要是做咸广饼,每年腊月雇几个帮工带做年糕。

到了阿爷这一辈,赚了些钱在直街观音堂(今解放路245号附近)买了间店面房子,是前店后作坊,这辰光还是清末年庚,取名"莊永大"专做、卖咸广饼,腊月仍做些年糕。据大伯(97岁)回忆,他出生在新店,十五、六岁去上海学生意,父亲从小做阿爷帮手。

买年糕时,大多数顾客要印花年糕。做印花年糕工口大,价钿大;有的顾客贪便宜就要白条年糕。过年前年糕生意好,做印花年糕慢,一听有人要白条年糕,阿爷就让伙计做得大些,比印花年糕稍阔,四根并放刚好一根年糕那么长,这样四根一层,每幢五层正好20根大年糕。新中国成立后,"莊永大"入社了,但阿爷还要做。后来家里条件蛮好,阿爸、大伯、奥松[1]要阿爷关门养生,阿爷还不肯歇,一直做到1962年,阿爷已经八十多岁。

[1] 奥松:方言,称呼,即叔叔

慈城年糕的文化记忆

我从小跟阿爷做过年糕。阿爷传下来的年糕(模)板有二十多副(块),印糕(模)板一火油箱,还有一面印有"茌永大"三个字的旗子,可惜几次翻修新房子,一点点都丢掉了。

类似"茌永大"这样的年糕作坊生产的年糕谁消费呢?一是怕自己做太麻烦的城里

■ 冯恒大食品有限公司的杨师傅讲述蒸年糕诀窍

人,一是难以承受做年糕开销的家庭。此外就是销往外埠的上海等地,关于这一点,有地方文献的记载佐证。民国十年(1921年),慈溪县出现机器碾米厂,后增至8家,分别是南门的慈兴、东门的同德昌、西门的元升、北门外的向生记、东门外的大生、砖桥头的芳号、西门外的丰大、庙山桥的生大。[1]同期,慈城地区的交通状况良好[2],赭山严家附近的官河、前江、后江开通航船、轮船、帆船,当时船舶为宁波对外物流的主要运输工具,四通八达的水上运输为慈城年糕走出慈城创造了物流条件,自然将作坊制作的年糕运到浙东各地。

有关慈城年糕的作坊制作状况也可以从口头记忆中得到印证。据慈城老人回忆:慈溪的赭山严家在清朝末年起,开办酒坊、糕饼作坊。每年入冬,严家人利用糕饼作坊专业制作年糕。因所做的年糕外观洁白、光滑,口感糯韧,又具煮而不糊、炒而不腻、水浸不混的特点,故而慈溪严家年糕很有名气,被上海、杭州等地的宁波人视为慈溪年糕的代表。有商人瞄准了这一商机,就到赭山严家订制年糕。

上述机器碾米厂是慈溪县工业文明的萌芽。由此,慈城人也看到了年糕的商机,从原来合伙上门制作年糕渐渐

[1] 干人俊编,晓洋、童心点校:《民国慈溪县新志稿》,1987年10月慈溪县档案馆,第52页

[2] 干人俊:《民国慈溪县新志稿》卷八《交通》,浙江省慈溪县地方志编纂委员会办公室,1987年10月版

宁波慈城年糕

变为寻找专门的场地开办年糕作坊,如城外的阿四年糕,城内的哑子[1]年糕,只有一些原来做面食、糕点生意的作坊还季节性做点年糕出卖,如上述的庄永大。阿四年糕,就是一个叫阿四的农民牵头的一帮做年糕人。阿四是温州人,初到慈城时是割稻人客。一般割稻人客像候鸟一样,夏天来,秋收后即离开。而阿四看到做年糕的商机,约了几个老乡,组织了一个年糕会,像民间互助储金会一样,以一年为一轮,每人轮流执头,先上门为人家代做年糕,后在居住的庙湾村专门做年糕,将做好的年糕敲上阿四字样的红印到下横街的集市出售。这样年复一年,阿四年糕和他的年糕会风靡小城。哑子年糕店与阿四年糕不同,是前店后作坊那种形式,位于直街上(今解放路)太阳殿路斜对面,是一家人开设的年糕店,站柜台卖年糕的是母女俩,因其女儿为聋哑人,所以慈城人直呼其"哑子年糕店"。

民国时期的慈城,除了直街市心口弄堂对面的孝东合作社被租赁做年糕外,年糕作坊大多集中在可称"农工商之街"的下横街。这些年糕作坊多由周边农民合伙经营,采用边做边卖的传统方式,买卖灵活,流动性大,一般秋收后开始租屋,门市营业到第二年的正月初五关门,到下半年秋收后又张罗租屋做年糕卖年糕。有些年糕作坊营业时的每天早晨还兼卖年糕团。尽管城里有专门的作坊或做年糕人,但一些有乡下亲戚的城里人还是到乡下做年糕。

去姚家外婆家做年糕

口述者:沈元魁,79岁,宁波天一阁博物院书法家
口述时间:2010年3月
口述地点:宁波市柳翠街

我家原住在(慈城)县衙门左边的老房子,后来因日本人扔炸弹,房子被烧了,我们才搬家。介辰光我记忆最深的

[1]哑子:方言,意为聋哑人

就是阿姆带我们去姚家外婆家做年糕。

那时我约莫五六岁大,姚家外婆是我外婆的亲妹妹,家在应家河塘那边(现为慈城新城,即应修人故居的所在地)。那时,城里已经有专门的年糕店铺,但阿姆总以为城里的年糕不如姚家外婆家的年糕做得好。姚家外婆家是农民做年糕,他们力气大,就将米粉搡得透,搡得韧,搡得糯。每年新米上市后,姚家外婆就会来问我家做多少年糕。当时我家有8口人,阿姐、阿弟、阿妹,还有阿娘等长辈,这样一般每年做100斤米的年糕。吃过祭灶果以后,我们就去姚家外婆家。我们出城,过夹田桥进入应家河塘,那时小河里有毛草郎、弹涂[1],很好玩的,我们从后门进入,穿过长弄堂就到姚家外婆家的大堂前,大堂前有一大道地。姚家外婆种几亩田,家雇有长年,做年糕的事情全由姚家外公和长年张罗。做年糕在大道地。大道地是泥地,上面长有一层草皮子,冬天草枯了,淡黄黄的一层像铺了一层毯子。入冬,人们就在大道地晒太阳、聊天,腊月做年糕的桌板也搁在那儿。

在作田野调查时,笔者还收集到了两条有关慈城年糕作坊的信息,一是钱文华口述的资料:"民国年间,一位名叫魏敦兴的慈城人在上海开办过慈溪年糕厂";一是冯岳祥口述的资料:"20世纪50年代,浦丰村冯家在下横街的文星帽店旁租屋开办年糕作坊"。据此推断,浦丰村冯家的年糕作坊可能是上述经营灵活、流动性大的年糕作坊的代表。

年糕作坊自清末开始之后越来越兴旺,销往外地的年糕也越来越多,这导致每年入冬宁波专署下令严禁年糕出口,而百姓却请求自由流通,因为年糕历来为馈送礼品。[2]

综上所述,慈城年糕的制作作坊像一条脱了齿的拉链,虽然残缺不全,但是反映了慈城年糕的发展历史,尤其

---

[1]毛草郎:一种小蟹的俗称;弹涂:一种跳鱼的俗称

[2]详见附录七的序8、9、10

宁波慈城年糕

是年糕作坊的历史。因为年糕作坊的出现,年糕从自给的食品渐渐演变成为一种农副产品,而且是一种可以用货币和实物两种形式交换的农副产品,因为到年糕作坊买年糕除了用钱买以外,还可以用大米调换。大米调换年糕,其实是属于农产品的来料加工。由此,慈城年糕商品化了。

制作作坊的慈城年糕在原有的专业性、多样性的基础上,又增加了商业性。而且同是专业性,其专业化程度进一步提高,即有了专门的年糕制作场地、专业的制作人员。多样性,也是如此,除了原有的几何图形、动物、人物和植物果实四大系列花色外,又增加了有着鲜明时代特色的花纹年糕,如右图是以纪念辛亥革命胜利的双色旗为花样的年糕模板。

慈城年糕的多样性还表现在制作人员的多层次上。合作制作阶段,制作者均是清一色的农民,而作坊制作阶段制作者除了农民外,还有城里的居民和商人。以状元糕制作为例,莫家巷口的穗芳南货店、市心口的泰昌南货店都做状元糕。下横街的兴化店,店主名叫蒋万兴,也做状元糕。还有一些不太出名的南货店也兼营状元糕。直至20世纪的50年代,慈城城乡仍有订做、送吃状元糕的习俗。那时,不管谁家孩子启蒙上学,长辈大多要到南货店去订做或买一些状元糕,点完两支蜡烛三炷香,请了菩萨以后,再分给左邻右舍、至爱亲朋,这是意寓读书上进,将来"高中状元"。因为有这样的习俗,状元糕还是慈城人送读书郎的佳品,这一点像宁波人送鸡鸭蛋给读书小顽一样。这样,每年新学期伊始,慈城南货店的状元糕特别热销。

商业性,即是年糕除了传统的自给与馈赠外,还出现了年糕的买卖,而且是批量的流通。商业性使年糕逐渐商品化。商品化以后的年糕又逐渐成了人们的日常主食之一。笔者认为,从年糕作坊制作阶段开始,年糕逐渐成为南

■ 双色旗花样的年糕模板

慈城年糕的文化记忆

■ 真空包装加速了年糕成为南方人的稻米制品主食的进程

方人的稻米制品的第二主食,仅居米饭之后。

中华人民共和国成立以后,我国城乡居民的生活发生了变化,慈城人也是如此。然而无论怎么变化,过年做年糕吃年糕的习俗依旧。所不同的是年糕的制作技艺、贮藏方法、生产规模等发生了变化。首先是机械化带来的年糕制作技艺的变化,即机械制作替代了手工制作;其次是真空(杀菌)包装年糕出现,饮用水——自来水替代了天落水,民居——高楼套房替代了传统的三间二弄等,缸甏退出了人们的生活,真空包装替代了缸甏水浸这一传统的贮藏年糕的方法;其三是年糕制作设备的改良带来了制作规模的扩大,从而形成了年糕的工厂化生产。

20世纪五六十年代粮食歉收,因而城乡出现了蕨菜根粉或番薯磨粉替代米粉做年糕,民间俗称此年糕为"黑年糕",随着粮食供应正常,黑年糕渐渐变白,约到1965年恢复到米粉年糕。黑年糕,是特殊年代的特殊年糕。

宁波慈城年糕

20世纪60年代中期，位于慈城妙山的宁波专区水稻原种繁殖场[1]利用新置的农机设备，上半年加工盘面、卷子面、长面，下半年用蕉藕、番薯做粉丝，颇受周边农户的欢迎。1971年底，农场增加了年糕的加工业务。由于加工量大，制作慢，职工们每天起早摸黑地做年糕还无法满足供应周边的消费者，当时负责农场加工的胡惠珍产生了用机器做年糕的设想，并于第二年年糕米收割进仓后，利用农场的轧米粉钢磨机，模仿石磨水磨年糕粉的原理，加水试验了机器水磨粉。同时自制蒸筒、压榨箱和压注式定距切刀配套的年糕机等设备。新做的蒸筒仍然是木筒，但容积扩大三分之一，因而蒸粉也改用土制锅炉的蒸气。年糕机是用拖拉机轴承改制而成的，运用机械螺旋挤压原理制作年糕。初次试制时，机制年糕虽然口感没有手工年糕那么韧，但经过反复试验，二次改进年糕机的结构，终于在那年年底成功制作出了机制年糕。这种机制年糕的口感与手工年糕相差无几，甚至略高于手工年糕。之后，由于制作技术不断成熟，生产效益成倍提高，妙山良种场的年糕几乎替代慈城年糕之名，并名扬宁波城乡。

机制年糕的试制成功，首先是改变了年糕的样式。因手工年糕的传统制作技艺比如磨粉、舂揉、印花等工序被机器所替代，做出来的年糕是没有任何花纹的光板年糕。有的地方在年糕出口处开一小槽，这样做出年糕的一面就有了直线纹。为了增加年节的喜庆，农场职工采用细竹竿或细木棒在光溜溜的年糕上点个红印，一般花纹是细竹竿或细木棒的自然形状，竹竿点的是空心双圆圈，木棒点的是实心单个圈，但无论怎么敲红印，也没有手工年糕的花纹和吉祥意寓与祈盼了。机制年糕同时也使年糕交换出现了新形式。作坊制作阶段，作为商品的年糕的交换不外乎是买卖或大米调换这两种形式。而机制年糕试制成功后，

[1] 宁波专区水稻原种繁殖场：初名为慈溪县农业场，建于1928年12月。1938年改名为慈溪县农林场。1946年，该场隶属新建的慈溪县农业推广所。1951年，改名为慈溪县农业示范场。1954年因行政区变化，改名为余姚妙山农场。1968年，改为宁波市妙山良种场。1978年，定名为宁波市良种场，沿用至今。

慈城年糕的文化记忆

慈城人自发合作做年糕的逐渐减少,而是直接购买妙山良种场的机制年糕或到周边的生产队加工年糕。当时的慈城设有不少宁波市企业的分厂,在慈城工作的宁波人看到慈城人热衷于买妙山良种场年糕,也跟着购买并带到宁波。同时,宁波城区的年糕供不应求,而且宁波人又有点邪火倒气[1]的从众心理,听说妙山年糕好,就纷纷慕名到良种场买年糕,或托慈城人来买妙山年糕。到改革开放前,全国的粮食制品全部凭粮票供应,这就出现了粮票"调"年糕的新形式。这种口口相传的宣传,广而告之的连锁反应,使得妙山良种场的年糕——妙山年糕的名气越来越大。有一年,宁波市在上海举办展销会,其中设有妙山年糕专柜,结果刚开市展销柜台就被闻名赶来的上海人轧塌。

妙山年糕还改变了慈城年糕的传统制作工序,即用机

■ 工厂机器制作的慈城年糕

---

[1]邪火倒气:方言,意为没有主见,人云亦云

宁波慈城年糕

器的动力替代了手工的人力,创新了年糕的机械化生产,上述的"二改变一创新"使慈城年糕制作进入新的工厂制作阶段。

工厂制作阶段的慈城年糕呈现出了"一大两少"的现象。"一大",即是年糕制作数量增加,初露慈城年糕规模化生产的端倪。"两少",一是因机器年糕替代手工年糕,所以手工制作的年糕越来越少;二是因白条年糕替代了印花年糕,因而慈城年糕的样式越来越少。尽管如此,工厂制作的慈城年糕仍是人们过年节的吉祥食品。此外,因为规模化生产,尤其是真空包装年糕的出现,年糕逐渐成为人们一年四季的主食。因此,工厂制作阶段的慈城年糕保持了作坊制作的专业性、商业性特点,并由统一规格替代了多样性。

综合上述的年糕制作所历经的合作、作坊和工厂三个发展阶段,不难推出手工慈城年糕具有大众性、多样性和专业性的三大特色。

年糕伙伴

广义地认定年糕的伙伴,应是所有的稻米食品,以宁波地区为例,包括粿、汤团(汤圆)、金团、印糕、麻糍、艾团、米馒头、方糕、灰汁团之类的稻米食品。倘若用制作方法、制作时间来限定上述稻米食品,那么只剩下于腊月或正月制作的粿、汤团、金团、印糕了。倘若依据年糕定义再确认年糕的伙伴,那么把粿、印糕也排除在外了。但笔者却认定粿是年糕的第一伙伴,认定的理由:一是民间称两个人关系好时,时常形容为像"年糕、粿似的黏在一起";二是根据古

慈城年糕的文化记忆

代记载的年糕,糗就是年糕。宁波的糗与清同治十三年的《安吉县志》中记载的年糕一模一样。安吉的年糕是"岁时既竣,各家舂米粉作糕团"。宁波的糗也是在腊月捣作糕团,却不能称为年糕,而是糗,见糯米糗图。

糗是一种传统食品,但辞书上没有这个字。这是先人采用谐音的方法合成,心字旁读愧,米做的鬼就写成"糗"。为何取名为糗,为何差不多的食品,在安吉能成为神圣的祭品,而在宁波却永远不能登上神圣的祭台,是因这种食品的读音,还是其他什么原因?做年糕的田野调查时,笔者曾渴望能找到答案,也曾痴痴地想象能找到关于糗的民间传说,或只言片字,然事与愿违。当发现了丰富多彩的年糕文化时,笔者开始想象先人为什么不让糗上祭台的原因。可能是糯米糗粘性大,不能用木模印成花色的糗,白色糕团只点了一个红点,这样的块状食品太简单,无法表达人们各种各样的心愿。如此,怎么让其上祭台与各路神仙对话呢?于是,先人便将这种白色糕团命名为糗。因为是糗,虽然也是腊月制作的,类似糕形状的大米制品,那就不能成为年节的祭祀食品。笔者根据全国各地的年糕样式还作了这样的想象:很久很久以前,糗或许做过年节的祭祀品,但随着印花年糕的式样越来越丰富,糗被取消了参加年

■ 糯米糗

宁波慈城年糕

祭的资格。为使言必有据，先人便将这种白色糕团取名为餛。一个是年糕，一个是"餛"，年祭当然取前者了。

因为要为餛打抱不平，所以将其视作年糕的第一伙伴，除了上述的想象，还有三个理由：一、餛也是稻米的粉食制

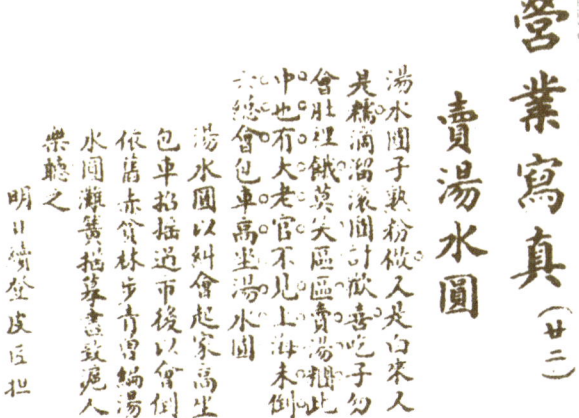

■ "营业写真"之卖汤水圆

65

品;二、差不多在秋收后至腊月与年糕同时制作,故宁波有谚语云:"春桨春年糕,出力不讨好";三、与年糕一样的贮藏方法,一般也是水浸和切片晾干,如歌谣所唱的那样,"阿姆阿婶(缸内)撩年糕,年糕呒有桨也好。"

桨虽是年糕的伙伴,但它俩至少有三点区别,即外形、制作工序以及功能。桨是以糯米和水为主要原料的食品,但其制作工艺与年糕不一样,年糕是先水磨蒸粉后捣舂,而桨是糯米蒸熟成糯米饭后直接捣舂。桨是一种传统食品,但不是年节祭祀食品。笔者将桨视作年糕的伙伴,还因它的形状。桨是圆形,年糕是长条形。桨与年糕的形状犹如自然界两性器官的象征,真不知这是自然的巧合呢,还是先人的有意所为?最后还要提一句,旧时的宁波以鄞县(今鄞州)邱隘桨最有名。[1]

■ 汤团

年糕的第二伙伴是汤团,亦称汤圆。宁波汤团与慈城年糕一样闻名遐迩,汤团因有团圆之谐音和意义,也是年节食品,这是笔者将汤团视作年糕伙伴的第一大理由。当然,将汤团视作年糕伙伴的理由还有以下几点:

一、汤团也是稻米的粉食制品。

二、都有一道磨粉的工序。汤团是将糯米浸泡后,再水磨后成米粉与水混合的湿粉状态;

三、也有湿、干两种贮藏方式。湿为水沉浸,若要饮食,提前取一些沉积的汤团粉,漏水而成半成品;干则是太阳晒,宁波人俗称晒冬粉。

其实,说汤团为年糕伙伴,也是有史料依据的。清宣统元年的江湖百业中有做宁波年糕的,也有卖汤水圆的。这里的汤水圆,即为汤团,如"营业写真"之卖汤水圆图。之后,随香烟出品的烟画有反映街头卖汤团的片子,如烟画之《汤团摊图》。

年糕的第三伙伴是金团。称它们是伙伴,这是因为金

[1]贺挺主编:《宁波市故事卷》,中国民间文艺出版社,1989年12月版,第459页

宁波慈城年糕

烟画之《汤团摊》

慈城年糕的文化记忆

团也属稻米的粉食制品,而且又是年节食品。人们取金团圆的形状和团的意义而将其视作过年的吉祥食品。有的家庭也以金团作年祀的祭品。此外,年糕与金团的最后一道工序都是印花,有这么多相似点,也就认定它们的伙伴关系了。这里要说明的是早期的有些年糕和现在的机制年糕大多是白条年糕,而慈城地区制作的手工年糕却是印花年糕。

■ 金团

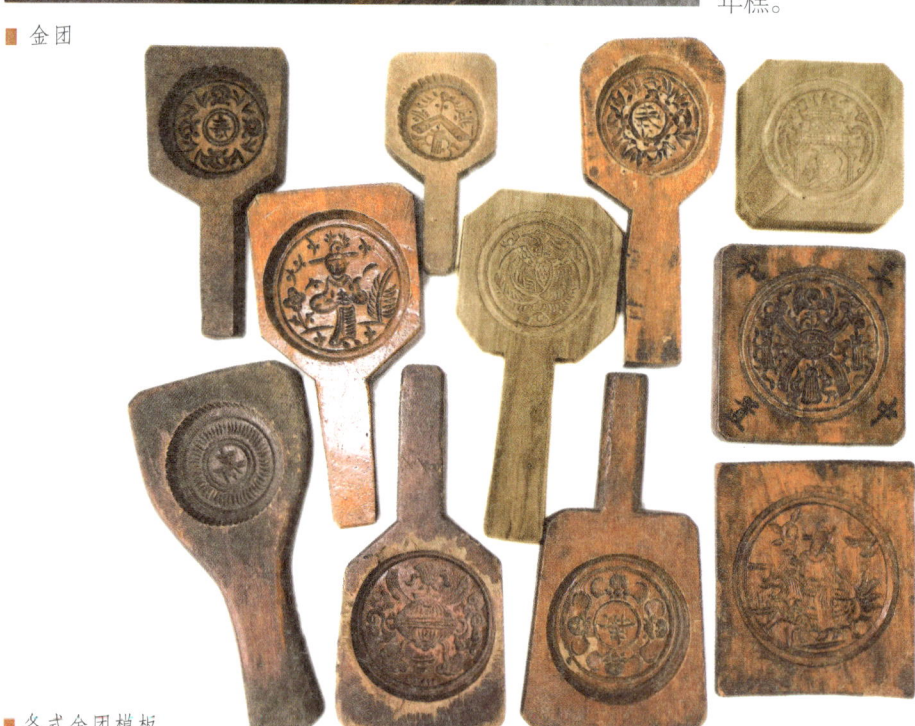

■ 各式金团模板

宁波慈城年糕

在做慈城年糕的田野调查时,笔者发现:当今民间所藏的年糕模板不多,而金团模板比较多,大多是带柄单块模板,见图《各式金团模板》。至今慈城有的家庭还有做金团的习惯,大多在过年时,平时偶尔想吃也做一些,尤其是在新米收割之后。这是因为金团不但是年节食品,还是生日寿庆的吉祥食品。若遇喜事,有的人家自做,有的则到糕团店订做。

旧时,家家户户有做金团的习俗,所做金团的大小尺寸与每家门第高低和寿庆老人的年龄大小有关。上图中一板多式金团模板,双面雕刻,其中的一面金团模板雕刻了三个大小不等的凹圈,凹圈可放1—3个不同直径的铜箍圈,那就可印三种不同花样、不同大小的金团。

■ 一板多式的金团模板

年糕除了上述三个伙伴外,还有名称相近却相差较远的伙伴,那就是印糕。印糕也是稻米的粉食制品,其制作工序却与年糕截然不同,这是其一;其二印糕也有一道用木模印花的工序,只是印好印花样再用火烤干,其制作方法类似饼的制作。《辞海》释"饼","泛称烤熟和蒸熟的面食,形状大多为扁而圆"。因面粉与米粉这一原料的不同,印糕不同于饼;其三,印糕可作年节的食品,但更多的是日常食品,特别可作孩子的零食。

旧时的慈城,做印糕比较普及,一般不受时间的限制,现在的一些老人仍旧做

■ 印糕

慈城年糕的文化记忆

三眼各式印糕模板

印糕,尤其在偏僻的山村。

年糕与其伙伴,毕竟还有区别。就食用时间而言,年糕食用时间长,也可与米饭一样当主食,而糍、汤团、金团、印糕一般都不能当主食,这也就是慈城人决不会一日三餐都吃糍、汤团,或金团印糕,而年糕就不同,好多人吃年糕好像吃米饭一样,多吃不厌。其次,是外形的不同。年糕大多是长条形,而糍、汤团、金团、印糕都是圆的,比如糍为球冠形,汤团为球形,金团和印糕则是圆扁形。其三,是口味的不同。大多数情形下,年糕以咸食为主,而糍、汤团、金团、印糕主要是甜食,尤其是汤团、金团大多是裹甜馅再食用。

广义上的年糕伙伴,如麻糍、艾团、米馒头、方糕等,因不是慈城地区年节的食品,不再赘述。

年糕原料种植
NIANGAO YUANLIAO ZHONGZHI

数百年来,慈城年糕之所以成为传统的年俗食品,且一直保持糯、滑、柔而不腻的口感,与慈城老农精心选择种子、精心培育、精心管理息息相关,而一系列的"精心"既是慈城农民种田的态度,也是产出优质年糕原料的基础。

年糕原料种植

原料选择

粮食作物中以水稻的品种最多。据《慈溪县志》记载，旧时慈城地区的水稻之属就有59个品种。[1]在自然种植的农耕时代，根据播种时节和栽种时间长短，水稻分早禾、中禾和晚禾三大类。其中早禾在插秧后的七十天便可收割，而晚禾的栽种周期则需二百多天，因而就土地利用率和农民收益而言，早禾为罕品。从水稻的品性分，也有三大类：一类是没有黏性的早稻，此稻轧出的米叫做早米；一类是有黏性的糯稻，此稻轧出的米叫做糯米，旧时的糯米主要用来酿酒，因而慈城有谚语曰："老酒糯米做，吃落闲话多"；一类是介于早米与糯米间，带有黏性的晚熟粳米。这种晚粳米就是慈城年糕的原料。

传统的农业生产是以家庭为单位的松散型、自发型的劳动。旧时的慈城，农家每年计划茬口生产时，首先要把做年糕的稻米打算好，种多少、种在哪块田，这是家家户户最早的安排。同时，农户会选择"梁湖晚"、"水底青"、[2]"农垦58"、"98110"、"宁03-88"等晚粳品种开始育秧栽种。慈城农民所选的"梁湖晚"即《桃源乡志·物产志》卷五中所记载的"良湖稻"。

这些晚粳稻品种，慈城农民统称"晚稻"[3]，以"梁湖晚"、"水底青"为例，种植前的大田前茬大多为晚熟的春花

[1]《慈溪县志》卷五十三（光绪己亥年修）

[2] 梁湖晚、水底青曾是传统农业时期农民选用的晚粳品种

[3] 晚稻，慈城方言直读"蛮稻"

慈城年糕的文化记忆

作物或早春作物,如油菜田、紫云英的留种田。选择这种田是因为田力足,而且种植时间在145天以上。在充足的光照下,且稻谷灌浆结实时温差较大,收割的稻米具有米粒大、玉色透、粳糯适中、口味好的特性。

在多年的生产实践中,慈城农民发现:"梁湖晚"、"水底青"最适宜做年糕或用来酿酒。于是,农户每年多的种三四亩,少的也会种几分田。

在靠天、靠地、靠人的传统农业生产中,慈城农民自育秧起到收割前的农活大多自己做。这是因为播、耕、种、耘、耥等诸多种植环节不仅影响稻谷的产量,还影响着稻谷尤其是晚粳米的品质,晚粳米的品质又直接影响着年糕的好坏。

数百年来,慈城年糕之所以成为传统的年俗食品,且

■ 做慈城年糕的稻米种植

年糕原料种植

一直保持糯、滑、柔而不腻的口感,与慈城老农精心选择种子、精心培育、精心管理息息相关,而一系列的"精心"既是慈城农民种田的态度,也是产出优质年糕原料的基础。

慈城年糕的米

口述人:张兆康 男 46岁 江北区农林水利局
口述时间:2010年8月
口述地点:江北区政府大院新大楼

我是慈城人,从小就知家乡的年糕糯、滑、软,口味好。长大后,特别是从事农技工作后,才知慈城年糕的口味好有诸多原因,而年糕生产的原料与工艺是其中两大原因。其年糕原料,即是米与水;工艺其实是水磨。全国各地差不多都有年糕,慈城年糕的水磨是区别于各地年糕的工艺之一,你让说年糕原料,关于慈城年糕的水磨我就不说了。

应该说,稻米的品质直接影响慈城年糕的口味。慈城地区有悠久的水稻种植历史,至少有六七千年了吧,这一点毋需我说,余姚河姆渡遗址出土的稻谷可以证明。同时,慈城地区那优越的气候条件也十分有利于水稻的种植,当然包括用于生产年糕的稻米的种植。我这里有一份气象资料。在亚热带季风湿润气候影响下,慈城地区的年均降水量1317.7mm;日照充足,冬无严寒,夏无酷暑,气候温和,年平均气温16.2℃,年总积温5901.3℃,无霜期为238天。这种气候特别适合水稻生长,而且年糕所用的晚粳稻米的营养生长期间处于一年中的高温季节,这使稻苗生长发育快,分蘖早,能形成高产的群体。之后,进入秋天。秋天的气候是昼夜温差较大,这时正好是水稻幼穗分化期至抽穗灌浆期,白天温度较高,光合作用强度大,制造的营养物质多,晚上呼吸作用消耗营养物质少,谷粒内的营养物质积累多。这样生长的稻米千粒重。俗话说,慈城米吃起来结

慈城年糕的文化记忆

实,有韧性。这是影响年糕原料的气候因素,还有就是慈城的地理环境。

慈城地处宁绍平原腹地,其地理位置好像是东经121°43′,北纬29°40′。江南的宁绍平原上传统农业是稻、麦、油菜三熟制栽培。这样周期性的水旱作交替轮种,一年四季的灌溉、排水、轮作、培肥能不断改善土壤的质地和物理性状,慈城地区的黄化青紫泥土壤有50%多,土壤有机质平均有5%左右,这种土壤十分适合生产优质年糕稻米。

除上述自然条件和地理环境,影响年糕稻米品质的还有生产的因素。无论是传统农业,还是现代农业高产,慈城的农民,我们区、镇农业十分注重优质年糕稻米的品种选择,如传统的梁湖晚、水底青,现在向农民推广的丙98-110、宁03-88,这些都是适合做年糕的优质晚粳米品种,也就能为慈城年糕提供优质稻米原料。

此外,还有水稻种植的田间管理,也是确保优质的因素之一,上面提到年糕稻米原料为晚粳米,这种晚粳米的种植时间比其他稻米时间长,一般需140—150天的生长期。一般而言,大米种植的时间越长口味越好,现在宁波人为什么要吃东北大米就是这个道理。

总而言之,稻米是慈城年糕的原料,要保持家乡年糕的口味好,这年糕米是第一关。

种田理念

应该说,传统的水稻种植方式在各地大同小异。随着工业化进程的推进,随着时代的发展,传统的种植方式已逐渐被淘汰。然而,广大农民在生产、生活中,摸索出了保

年糕原料种植

■ 听老农俞大爷、冯大伯谈种田经

护生态的方式,如《清稗类钞》中所记载的"稻与棉花相间而种,以息地力"和"捞水中草泥(捞时置之舟中),加泥于田塍,养鱼"对当代的环境保护来说都有一定价值。也许就因为如此,这种农耕时代的传统生产方式,这种保护乡村河水的生物链循环方式,被日本东京大学东洋文化研究所菅丰教授赞为颇具特色的民间文化,特有的江南文化遗产。[1] 笔者在做慈城年糕的田野调查时也发现,慈城农民在长期的农业生产中也形成了一系列善待自然,善待人类的生产、生活习俗。

没水朝天哭

口述人:冯岳祥 男 65 岁 慈城浦丰村村民

口述时间:2009 年 4 月

口述地点:浦丰村村委会办公室

阿拉农民有句老话,叫"有收呒收在于水,多收少收在于肥"。从小大人就告诉说,不能浪费水,否则要受老天爷惩罚。小辰光,家里养有一只猫,阿娘(念,niàng)[2]看我玩水

[1]菅丰:《关于民间文化保护的学术思考》,王恬主编,《守卫与弘扬》,大众文艺出版社,2008 年 8 月版,第 71 页

[2]阿娘:方言,即祖母

慈城年糕的文化记忆

■ 牛车水

■ 双人踏水车

年糕原料种植

缸里的水,就讲"猫为什么不汰面"的故事。故事大概的意思是说猫的前世太会用水,结果后世被老天爷罚变成猫。从此猫不再洗脸以节约水。夏天,在桥头上乘风凉,传来田园中青蛙呱呱的叫声,老年人就会对打头开[1]的开玩笑:"少喝点,当心下世变青蛙呱呱。"原来,村里的老人们认为:一个人在世时所用的水都会储存在阴间,等这个人死时,就会将这些水一点一滴全部灌进这个人的肚子里面,如果水太多,肚子会一直胀一直胀,直到胀破,那么可以重新投胎时,胀破肚皮的只能投胎为一只青蛙。

我一直记着这些故事和说法,现在想想可能这是让我们珍惜水资源。人离不开水,水稻也离不开水,过去没有打水机,田里的水靠人或靠牛赶进田里。一般车水形式有三种:牛车水、脚踏车水和手拉车水。水来得这么不容易,所以要少用水。有一年,天大旱,田里的稻一片一片枯死,当时村里人愁煞,有的人愁得哭了,真像老话讲得那样"没水朝天哭"。也许这样,过去每年的冬闲都要挖河整渠搞兴修水利设施,平时也要罱河泥上岸堆积成肥,待第二年开春与焦泥灰一起壅稻田。

看看,阿拉家的天井有七石缸、青果缸、腰子缸等,这些缸是用来盛屋檐水,这水俗称天落水。我家通进了自来水后,老婆还习惯天落水用于烧饭煮菜和当茶水,而汰衣裳洗菜则用河水或井水。慈城人至今还保留着接天落水的习惯。

过去,每逢农历六月初一,家家户户会在五更前或黎明之际,争先恐后挑河水贮藏到缸甏中,叫"六月初一水",

▪ 推拉式车水

---

[1]打头开:方言,即喝茶

慈城年糕的文化记忆

亦称"伏前水",认为此水较干净,以备三伏天的晒酱之用。若遇雷雨天,慈城人又习惯把甏、缸、瓶、盆等器皿放置在院子里,或在屋前屋后的天井里接雨水,称叫"无根水"。一些老人常说"碗水碗谷",打比方来珍惜水,那天落水又怎会让其浪费呢?

"民以食为天,食以农为本,农以水利为急。"这虽是"贞观之治"时期唐太宗提出的发展农业、稳定社会的治国方略,却也道出农业与水的重要关系,与当代毛泽东的"水利是农业的命脉"之说如出一辙。水是水稻的命脉。在民间,广大农民也早已从稻作的种植中深深地体会到:水与作物的生死相依,而作物与他们的生存息息相关,用十分简洁的谚语——"没水朝天哭",来提醒自己和他人珍惜人类的生命之源——水。

■ 接天落水

■ 慈江大闸调节水位,便于稻田的灌溉

年糕原料种植

师傅与人客

□述者:俞品华 男 79岁 慈城镇浦丰村村民
□述时间:2009年4月
□述地点:浦丰村村委会办公室

过去宁波人,叫做手艺生活的人为师傅,比如木匠师傅、铁匠师傅,还有做年糕的人,也称年糕师傅。阿拉慈城人叫种田人也称师傅,而且是互称师傅。

互称师傅不为别的,就为表示敬重。过去虽说人靠天吃饭,但倘若人不劳动,田头会长稻谷吗?我想,这就是为什么称种田人为师傅的道理。

过去常说:"种田靠后生"。农家指望生男孩,这倒不是看不起女人,实在是男人力气大。农民人家大多指望的是男人,妇女的作用是次要的,这在社会地位上体现为男女之间的不平等,而对种田来说男人好用力,几百斤的担子男人挑得起,女人就是挑勿起。农民的辛苦指的是种田、耘田和收割的三弯腰。每年清明前后,农民就要经历种田这第一弯腰的辛苦。这辰光,贤惠的女人(意指老婆)往往要动脑筋给男人将补[1],有的人家杀一只生蛋的老母鸡,搁在放有三块瓦爿的大镬内,用稻草烧煮,此鸡俗称神仙鸡,意思是吃落后下田劳动时,人像神仙一样,力气用不完。平时,老婆替老公舀[2]好老酒,烧一些可口的菜肴,犒劳男人。

农忙前,有的人家专门请中医开处方,撮[3]几贴补药给男人将补。过去,慈城的药店每年春天向农民推出"先吃补药后付钱"的赊账撮药促销策略,渐渐地,慈城形成春天农民吃补药的习俗。20世纪50年代以后,随着中药店的公私合营,赊账撮药已消失,但阿拉农民春天吃补药习俗却沿袭至今。

旧时的大户农家,大多雇人,按雇期的长短分长工、忙月、短工等。长工,也叫长年。一般是外乡人,一年到头吃住在

[1]将补:方言,意为滋补
[2]舀:方言,意为打
[3]撮:方言,"撮药"意为买中药

慈城年糕的文化记忆

东家,每年腊月祭灶后,息工结工钿回家。有的人家觉得农忙时生活太多,雇一人帮帮忙,这人就叫忙月,又称忙头。忙月一般雇同村人。短工多数临时雇来割稻,也叫割稻人客。

俗话讲:"敬重丈夫就是福,敬重田头就是谷。"这话前句讲的是敬重男人,后句讲的是敬重雇工。过去,大多数的农家除了给家里的当家将补外,也不敢怠慢雇佣的男人。一般清明、立夏、端午、立秋、冬至等农事节气,有的人家要做祭祖羹饭,就顺便用此饭菜点心招待雇工。即使不做羹饭的人家在这些时节也是加菜加酒款待雇工。有些人家的婆媳俩会做一些点心,以改善平时的生活。比如,清明时的艾青团麻糍,立夏时的茶叶蛋、五香蛋、倭豆糯米饭,端午时的乌馒头,立秋时的薄脆饼、灰汁团之类,冬至时的番薯浆板[1]汤果。

师傅与人客,虽说是主人与雇工的关系,在阶级分析中往往作为对立面出现,但在慈城两者的关系却是相当融洽,一般作为主人的雇主对雇工还很客气,因为农家的主人十分明白,把人客之类的雇工侍候好,才能发挥他们的积极性。也许正是如此,主人与长工、忙月、短工大多能和睦、平等相处,有的家里没儿子的农家主妇,看到勤劳的后生,还托媒嫁女;也有的索性直接认作义子或招为上门女婿。

种田的快乐

□述人:<u>冯岳祥 男 65 岁 慈城浦丰村村民</u>
□述时间:2009 年 5 月
□述地点:<u>慈城浦丰村冯家 50 号</u>

旧时,过了元宵节,农家便开始选用粳稻草搓草绳、打草索,有的人家要做草鞋。家境尚好的大户人家,或家里置有犁耙、车水等农具的农户还要请木匠、篾匠来修补或重

---

[1] 浆板:方言,即酒酿

年糕原料种植

新打制农具。

旧时,慈城人将木匠分为三类,造房屋的称"大木"、做家具的称"小木"或"细木",修做农具的称"春作木匠"。请春作木匠做生活时,有的人家还要顺便做几块年糕板。类似便桶、料勺、秧子桶之类的农具一般请箍桶师傅修理打挈[1]。箩、箴箪、马嘴、畚箕、拉草笆、摊谷笆、土箕、土筲等竹器也要备好。农民常说"六月呒破箩",否则到双夏季节要用时就来不及修了。过去,村里专门有挑卖竹制品人叫卖。

俗语说:"种田靠三生"。这里的"三生"指的是后生[2]、畜牲和家生[3]。后生是指农民,畜牲主要是牛,家生就是上面说的工具。修理工具等俗称"备耕",备耕之后是春耕。春耕时,田野上就出现了《耕牛田畈跑图》所示的景观。春耕时,要做的第一件事是车水,车水前几天已讲过了,之后,要使唤牛耕地,俗称"搁领头耙"。

无论是牛车水,是起畈,还是搁领头耙,牛是主劳力之一。人要使唤牛,就有人牛对话。一般耕地,叫牛停止前进,农民口喊"哗(发慈城方言音)",若要加快前进,农民就喊"对取(发慈城方言音)"。牛怎么会听懂人话呢?原来在牛犊长到二三春,俗称"二三牙"时,农民就要利用农闲,牵牛犊到晒谷场,套上犁耙,然后手执竹鞭,教牛听人话。这好像电视中播放的驯兽员驯动物那样。农民边说"得来",边将犁耙向左,然后将犁耙向右,口喊"流",这样边说边教牛耕地的动作。为了让牛有所记忆,还偶尔抽打几下。反复教几天,牛犊便"痛腔思痛",也就记住了简单的"人话"和耕地动作。

假若农民喊"对取",牛还不加快步伐,或者停滞不前的话,那么农民手中的鞭子就要打下来,耕牛的皮肉就要受苦,所以一旦耕牛听到"对取"一声,就会迈开大步。多数情形下,农民手中的鞭子也是装装样,决不会轻易抽打,因

[1]挈,方言中音读"抽",意为用竹篾或金属丝捆紧圆木器皿使其牢固

[2]后生:方言,意指年纪较轻的男人

[3]家生:方言,意为生产和生活用具,这里指农具

慈城年糕的文化记忆

■ 打草鞋

■ 箍桶师傅打掣修农具

■ 挑卖竹器

年糕原料种植

■ 耕牛田畈跑

为耕牛是农民的命根子。

"小小一头牛,性命在里头。"一般置有耕牛的农家会专门雇人看牛,以小孩居多,俗称"牵牛顽[1]"。"清明牛放青",牵牛顽陪伴老牛吃青草;冬至西风烈,老牛"关冬"吃精食。每年的春耕和夏收,人们还要舀一些老酒让耕牛饮酒,再喂一些鸡蛋。春耕和夏收的季节,耕牛不饮酒就耕不动地了。本来,牛是农民依靠的劳动力,一般置一头牛对农家来说是不太容易的一件事,因此不少农民爱牛如命,有的农家甚至不买牛肉进门。有些农民,尤其是老太太们一辈子都不食一块牛肉。旧时,遇到耕牛老死,有的人家也不屠宰食用,而是像对人一样实施土葬。

春耕时节,气候乍暖还冷。这样的天气,农民的双脚浸泡在冰冷的泥水里,做的又是一人一牛的耕地或耙地动作。"对牛弹琴"式的劳动,那寒风中的孤独,没有做过农民的人无法想象。《耙田图》所示的农民立在耙上,倘若心不在焉,脚一打滑,身子就会跌倒在水田里,霎时,人就浑身湿漉漉,滚一身泥巴,全身冷刮刮,这是多么触霉头的事。慈城的农民仿佛是乐天派,如果跌倒的声音传到不远处耕地的农民耳边,或者人滑倒的情形被路过的乡亲看见,对

[1] 牵牛顽:方言,意为牧童

慈城年糕的文化记忆

■ 耙田图

方就远远打招呼,"XX,今末你爬乌龟[1]了。"立刻,田野上就会传来一阵嘻嘻哈哈的笑声。

传统的田头劳动比较辛苦,也比较寂寞,有些农民就会自哼小调。有时,田头会来一些唱新闻的人。现在回想起来,过去的种田也蛮快乐。

"春耕夏耘,秋获冬舂,固为农人四时之所有事。然勤于农功者,一岁十二月,无不有事,且男女同任之,亦云劳矣。致力多而获利少,固莫农人若也。"这是《清稗类钞》中所记载的传统农业。那么对于"致力多而获利少"的传统劳动又何来快乐?

俗话说,"吃过立夏蛋,眼睛苦勒烂"。被自嘲为"眼睛苦勒烂"的劳动还能说是让人快乐的吗?但做年糕的田野调查时,笔者所采访的老农民差不多与老冯一样,都称种田是快乐的。也许人生的感觉是多方面的,农业生产中的劳动既有辛苦的一面,也有创造的一面,特别是收获时的成就和欣慰,更是一种无限的快乐,这是面对大地的农民特有的一种胸怀——一种知足常乐的气度。所以如今这些

[1] 今末:方言音读"接蜜";龟:方言音读"锯"。

年糕原料种植

告别了传统种植的慈城老农回忆起当年的农事,就颇觉得有趣和快乐。

耕种习俗

以河姆渡遗址出土的稻谷为依据,宁波姚江以北的区域是世界上水稻种植最早的区域之一。千百年来,田野上沉淀起了浓厚的稻米文化,至今上了年纪的人们还习惯用"你吃饭了吗?"这句话打招呼,这可能是由稻作文化演绎而来的最朴素最简练的民俗风情,这与唐朝诗人李绅的"锄禾日当午,汗滴禾下土。谁知盘中餐,粒粒皆辛苦"的悯农诗一起形成了个性鲜明的稻作文化,从而成为农耕文明的两种民俗记忆。在数千年的农耕文明进程中,在没有实现机械化的年代,背朝青天脸朝泥土的农民从事着十分艰辛的体力劳动。伴随艰辛的劳动,慈城农民除了珍惜水资源外,在生产和生活中还形成了其他一系列风俗习惯——敬畏天地,节约资源,崇尚劳动。根据慈城农民的口头叙述,围绕年糕原料的种植,具体有以下的习俗:

孵秧子讖念[1]　孵秧子是慈城方言,意即浸种。浸种前,先要到河埠头掏种子。旧时,挑秧子谷去河埠头,习惯箩头不装满,俗称浅箩头,其实是讨"浅出满进"的彩头。箩绳也要仔细检查,以防绳断箩翻。挑秧子的男人出门时,女人轻轻念"浅箩出,满箩进"或"一担出,万担进"之类的吉言,以祈祷一年的风调雨顺和农业丰收。

浸种,俗称"秧子落缸"。一般的农户,往往在秧子缸盖或桶盖上放一张红纸,压一把镰刀,也示镇邪,意寓催芽。

竖立稻草人　种子落田后,农民会扎一个稻草人,

[1] 讖:方言,读chān;"讖念"意为祈祷

慈城年糕的文化记忆

■ 卖蓑衣笠帽

■ 挑卖柴

年糕原料种植

并请其竖立于秧田中间。稻草人身穿红色的破衣,头戴一顶破草帽,横伸的两手上还插一把草扇,有的再挂一风铃之类的响器。破旧的衣、帽、扇上,大多有细条的布条和草茎,这些下垂的带状物随风飘动,响器也因风的吹动而发出声音,由此达到驱逐麻雀的目的。时下的慈城田野还见得到稻草人,只是稻草人穿的衣服已变成警服或牛仔衣,有些田头的稻草人头戴的草帽也变成了头盔。

设办秧田酒　　早晚稻拔秧伊始或结束时,农家有田头办酒宴请的风俗。一张小方桌,放上豆芽、鸡肉等菜肴,加上炒年糕、金团之类的点心,点上香烛后,先请土地公公,后再请田间劳动的丈夫、长工和忙月。有的村还流行向隔壁邻舍分送炒年糕之类点心的习俗。有些村的农民,还专门蘸糖吃白煮年糕,意寓年年高(糕),日日甜,一年甜到头。

向龙王求雨　　旧时的慈城有请龙王求雨之俗,由当地农会召集,保甲长参与,村里有威望的长者领头,组织农民敲锣打鼓行会,沿途的农人自愿加入,以赭山龙王堂求雨最出名。

每年农历六月半,赭山龙王堂有祭祀仪式,求龙王保佑风调雨顺,农业丰收。若遇上旱灾,附近的庙宇,如虹星村的东、西庙,洪陈村的小山西庙各组请龙队,经积家桥、双顶山,围绕龙王堂行会求雨。请龙队伍以大纛为先导,铳、锣随之,而后龙亭、神轿,乐器吹奏,念伴敲打祈念,村民排成长队殿后,长达数里。农民若行祭数日后仍不雨,则把神像置于烈日下,意思是让"龙王"也尝一尝久旱不雨、烈日曝晒之苦,但又恐"龙王"真的生气,于是又给其戴以笠帽、披以蓑衣,或有人打伞遮阳,俗称"晒龙王"。此乃是中国农民的"革命性与革命不彻底性"双重性的真实写照,一年到头辛辛苦苦,连你龙王也不怜悯,于是农民"造反"

慈城年糕的文化记忆

——晒龙王,毕竟农民的生存、田头庄稼的生长还是要靠龙王"调云施雨",农民的心又软了下来。

人们开始供祭,双手合十跪地,念诵"龙王经",请"龙"显身。另一些人则在堂前的一口井边,边往外掏水,边眼盯井水,从水中捞浮游动物,以为"龙王"。若捕捞到泥鳅之类的鱼,就放入"圣瓶"。迎归后供祭在庙内神座前的神案上,昼夜有人轮流"值圣",族内大户轮供"圣头饭",每日上香祭供三次,谓之"侍雨"。久旱则雨,适降甘霖,则视为"灵验",开演"谢龙戏",行纸会。加入请龙队伍的人,皆手执小旗,烈日晒头,不得戴草帽,脚穿草鞋或蒲鞋,表示虔诚,以感动"龙王"。

据老农回忆,约在1939年,慈城妙山村农民就请乡绅主持了求雨活动。是日,赶会的农民抬出扶湖庙(民间亦称芙蓉庙)的鲍盖菩萨,民间称陈老相公,据传是龙王堂的舅舅,要求雨就请舅舅出马。于是求雨队伍从妙山行至赭山,抵达后,将陈老相公安置在龙王堂前的一块平整山地上,将龙王也从殿里抬出来。

求灵峰关牒 旧时的农民,还到慈城东南面的洪塘乡[1]灵峰寺求关牒。灵峰寺位于安山村的马鞍山顶,相传寺内的葛仙翁菩萨十分灵验,每年农历四月初十,周边乡人登山参拜,并求买一关牒。回家将关牒烧到田头,认为能驱虫消瘟保佑作物生长;将关牒烧到牛栏猪舍,则能庇护一家六畜兴旺。民间流传"四月初十拜我生,谢银一千两"谚语。

旧时的稻瘟病是稻米生产的一大病害,在靠天种田的年代,一旦水稻染病,农人常倒插屙缸扫帚,以求驱逐瘟神。

煎[2]饭馃头菜 春耕以后,农家进入繁忙的田头劳动。旧时,一家老小的衣、帽、鞋全由主妇制作,有的人家主妇还要织土布卖钱……有限的时间里,既要干农活,又要

---

[1]洪塘,旧行政区属慈溪县,今为洪塘街道
[2]煎:方言中音读"叽",意为蒸

年糕原料种植

做衣服,还要打理家务,为了节省时间精力,主妇就在一日三餐上动脑筋,烧菜做饭尽量简单,常见的做法是煿饭镬头菜。

所谓煿饭镬头菜,就是煮一大镬饭,上面放一只竹羹架,羹架上再放一些下饭[1],比如煿一些茄子,等饭熟时,茄子也熟了,再用酱油、盐、油把蒸熟的茄子拌一下,就是一道菜了。旧时,农家煿霉干菜居多,家境宽裕的人家是霉干菜煿肉。

慈城的四周山峦连绵起伏,这些大山上盛产22种竹类植物,而有的竹幼时称作笋,可做菜。笋是慈城的一宝。每年的春季,有的农家就晒一些笋干,或者以笋为原料,辅以佐料,晒一些如花生笋脯、咸齑笋脯和黄豆笋脯等,农忙时就煿这些晒货当下饭,既美味又方便。也有的农家,会煿几根年糕,改善一下农忙季节的伙食。

煿饭镬头菜,其实是一种节俭的生活习惯,这种习惯还有对汤锅水和灰缸余热的利用等。

旧时的慈城人家大多烧柴草,无论大家望族,还是贫苦人家,一般砌灶都有大小两眼,大灶大至可放尺八镬煮饭、小灶尺四镬,两灶中间还设有碗口大的铜锅,俗称汤

■ 煿饭镬头菜所用的灶头

■ 慈城农家火缸

[1]下饭:方言,即菜肴或小菜

■ 钉碗担

锅。大灶头煮饭烧菜,小灶醅茶、热酒,灶头烧饭煮菜时,汤锅里面的水也加热了,正好用来洗漱。

多数人家的灶间置有灰缸,俗称火缸,2009年5月笔者在俞大爷家看到目前仍在使用的火缸,立马取出相机记录为新世纪的慈城农家火缸。火缸,用于贮灰火,每天大灶畚出来炭火的余热,用于煨粥、醅茶、烘尿布等,其实,农家的灰缸是古老的节能设施。

煦饭镬头菜的生活习惯,包含着节约的美德。俗话说:"男勤呒荒地,女勤呒破衣。"旧时的慈城还有"补"的习惯。比如补衣裳,补鞋袜,补缸甏,补碗盆等,反正一些日常生活品略有损坏,都舍不得丢弃,能修则修,能补则补,钉碗担就是旧时的一个修补行当。

笔者认为:上述生活习惯,除了秉承中华民族崇尚俭朴的优良传统外,还是在日常生产和生活中科学利用自然资源的生态理念的体现,这些理念在物质极大丰富而环境日趋恶化的今天,是否有可借鉴之处,或者说能否从某方面促使人们作理性的回归呢?这值得思考。

年糕制作技艺

NIANGAO ZHIZUO JIYI

年糕制作年画（选自朱观章主编《富饶的金三北》）

年糕制作技艺

秋收以后,新谷入仓,家家户户准备酿酒、磨粉做年糕。《鄞县通志》中记载:十二月中自朔至晦各家择日制年糕。这里的"择日"就是选天气和日子。天气要选一年中气温最低的日子,这是其一;其二选做年糕的日子要与过年送年的日子相接近。一般,慈城人做年糕的日期在农历十二月二十左右。那么腊月初十就要开始淘年糕米。这个时期常为一年中最冷的日子,是二十四节气中的大寒前后,也即三九、四九间,民间有俗语云:"三九、四九,冻开捣臼",这个时期也是农民最闲的日子。农民们往往是先酿酒后做年糕再过年。

慈城年糕以晚粳米和水为原料,经选、浸、磨、沥、擞、蒸、揉、摘、印等九道工序制作而成。一般需要三人或三人以上的群体制作,以下的年糕制作技艺为手工制作工序。

制作工具

慈城年糕的制作工具除石磨、印模外,一般为农家常用器皿,如灶、缸甏,大多没特殊的要求。此外,慈城年糕制作还需一些专用的辅料,如草木灰、黄蜡、红稻草[1],不过这些辅料也是取之简易的日常用品。

---

[1]红稻草:方言,指早稻秸秆

慈城年糕的文化记忆

制作器具

缸甏 用于浸泡原料——稻米,贮藏成品——年糕的用具。旧时的乡镇居民家里大多置有大小缸甏,如七石缸、青果缸。作为陶器的缸甏容易碎或裂,缸甏微碎或微裂怎么办?到了粮归仓、草归垛的季节,家家户户张罗做年糕的前夕,大多数农家早就将缸甏准备好了,买个新的,或修补一下。因而,适时应景有一种行当叫补缸,如下图。补缸是一种手艺活。补缸人在裂缝两边用钻子打眼,然后再用一种门形的铁钉,把缸补好。这样,有点小破损的缸甏经修补后就还能继续使用。

旧时,补缸人往往肩背工具袋,走村串户,边走边吆喝:"补缸补甏,补缸补甏……"有的补缸人则打一记竹板,吆喝一句:"缸补勿?"那抑扬顿挫的声音随着岁月流逝印烙在了老慈城人的记忆里。

▪ 补缸

年糕制作技艺

石磨　石磨是磨粉工具，附加工具还有磨担。石磨有大小之分，见《各种家用石磨》图。相对缸甏而言，有大石磨的人家少，因而做年糕的季节，大石磨十分繁忙，一般同村的乡亲或隔壁邻舍常按做年糕的次序轮流磨粉。

包布　一般为大白细布，大小不等，专门用来包裹米粉。旧时，慈城的乡村多用土布，这样的大白细布不是家家都有备，如浦丰村的俞家自然村有二十多户人家，而备有包布的人家，不过两三户，每年做年糕，包布也是邻居间互相借用。

白篮　如下图的大圆竹器，即白篮，也称"勃阑"。盛物用的大竹匾，较深，常用来晒东西，做年糕时，用来滤米粉。

■ 各种家用石磨

■ 做年糕时，在勃阑上撒粉

慈城年糕的文化记忆

■ 粉刨

■ 蒸笼与天罗丝垫

■ 蒸年糕粉的大灶

旧时,大多数人家置有白篮。因为是竹制品,白篮易坏。若破,一般要请篾簟匠师傅修补。

粉刨 做年糕前,在勃阑上掺粉时,有的用一种专门的工具——粉刨。

大灶 用于蒸米粉。大多是用农家平时用的灶头,也有临时砌口灶。当年,农家平时烧的多是稻草,做年糕时往往烧枪柴或柴爿,因而旧时的慈城城乡专门有卖柴人。

蒸笼 蒸米粉盛器,上大下小的圆木筒,底置圆锥形的竹蒸格,上有木盖。旧时的蒸笼有竹制的和木制的两种,分别是篾匠师傅和木匠师傅的"作品"。做年糕要用木制蒸笼,因而为了做年糕,有的人家还要制作木蒸笼。

铁镬 铁镬与蒸笼配套,一般需尺八那么大。旧时的腊月,乡村常有卖铁镬担。卖镬人为了证明镬的质量,还双手提提再让其旋转落地,掷地铿锵有声,而铁镬完好无损。但买新镬贵,为了省钱,如果旧镬只破了个碎米洞,就请补镬师傅修补一下。

因而"生铁补镬,生铁补镬咧——"的吆喝声曾是宁波城乡

年糕制作技艺

的一道风景线。

桌板 桌板主要用于年糕搓条和印花,大户人家有专门的做年糕板,简称年糕板。桌板有几种,大多是两块杂木板,长约2.5米,宽约1米,厚4-5厘米,用四根长凳搁起;家境稍差的人家里用的是松木板,大小相同;也有的人家因地制宜,做年糕时直接脱卸门板作为桌板,不过这是20世纪50年代以后的事。据慈城老人回忆:旧时的慈城,只有没有钱做年糕的人家,而没有脱卸门板做年糕的人家。

长凳 一般要四根,搁桌板用。旧时,家家户户都置有长凳,如同现在家家有沙发一样。

石捣臼 搡臼米粉用具。旧时的农村,多见石捣臼。根据大小、造型之别,其用途也不同。大型的石捣臼,石工粗糙笨重,一般放在墙角或河埠头,用于村民舂石灰;中型的石捣臼相对造型考究,又大又深,通常放在家族公用的大厅里,用于舂米;小型的,比大碗稍大些,各家各户置办的较多,多用于舂芝麻、胡桃之类的食品,还有一种就是专门用于舂年糕的。

■ 卖柴爿

■ 做木蒸笼

■ 卖铁镬

■ 生铁补镬

慈城年糕的文化记忆

■ "福到"的石捣臼

这种石捣臼,一般中等大小,两个人可以用杠棒绳索抬着走,抬到要做年糕的东家舂年糕。与石磨一样,旧时的慈城也不是家家户户都置有这种石捣臼,所以有的村落是做年糕人自备捣臼。若平时不做年糕,捣臼口朝地放置,这样摆放意寓"福到"。

与捣臼配套的是杵臼,俗称"木倒支空"。做木倒支空的材质为榆木。榆木取材于生长在广袤原野的榆树,民间俗称榆树为甜柳树。

■ 捣臼与杵臼(纪平收藏)

年糕制作技艺

模板 用于印花色年糕。旧时,家家户户差不多要置些年糕模板,根据家境的好坏,所置年糕模板品相和数量也不同。

制作辅料

农具 用于年糕制作,还需常用的农具,如图夹箩。旧时的慈城,有的人家大多备有单丝箩与夹箩两种箩,一般单丝箩用于夏季装西瓜、稻谷、夹箩,编织紧密,多用于装年糕等比较珍贵的物品。

印泥 红曲,点印年糕。据《开工天物》记载:要选择

■ 夹箩

■ 不同大小,不同花样的年糕模板

慈城年糕的文化记忆

■ 磨剪刀铲薄刀

有黏性的籼稻米,用水浸泡七天后,散发出的气味实在臭得不能再闻,用溪水漂洗干净后,将米放入甑中蒸至半熟,再用冷水淋一次,冷却后再重新入锅,蒸熟透就成红曲。[1]这一记载与慈城老人的口述基本相符。冯少甫口述:阿娘(即祖母)常在做年糕前自制红曲,阿娘过世后,家人就到南货店买红曲。

黄蜡 用于涂抹桌板、糕板等器具,是蜂腊调制的一种食品。主要用作防止年糕粉黏器具或手。

乌眼睛 用于做各种动物年糕的眼睛。一种野生植物的果子。

除了上述器具和辅料外,做年糕时还要准备草木灰、新竹筷、红稻草、天罗丝[2]等。

旧时做年糕是每家每户过年前的头等大事。做年糕时正逢农闲和辞旧迎新的腊月,各家常把做年糕的准备工作与迎新年的准备工作一起做,家里的剪刀薄刀[3]是否钝了,损坏的碗盆要否钉钉牢……反正,一切的一切都要年前做

---

[1](明)宋应星:《图解开工天物》,南海出版社,2007年10月版,第353页

[2]天罗丝:方言,"丝"音读"线",是一种植物的果实,也称"丝瓜络"

[3]薄刀:方言,音读"白刀",即为菜刀

年糕制作技艺

好,以崭新的面貌迎接新年的到来。现在的慈城偶有磨刀人出现。"剪刀裁布做袄袄,薄刀切菜炒年糕",曾是大人对小人说的一句顺口溜,不知多少人仍有此记忆?

技艺流程

单季晚稻收割后,晒燥碾轧成大米,才能做年糕。年糕的制作流程从选料开始,经浸米、磨粉、抽燥、擞[1]碎、蒸粉、揉春、摘条、印花等工序。

选料 这是古老的程序,《满洲四礼集》中就有"选洁净"的记载。旧时的农家,碾年糕米的做法会比碾做老酒的米多碾一刀,这样就能轧出谷眼睛。多碾一刀,每百斤谷子约损失两斤大米,但由于年糕是家家户户过年时的祭祀食品之一,人们也就不会计较这两斤米的损失。之后,在浸米前,主妇往往还要将有白肚的大米一粒粒拣出来。米是慈城年糕的主要原料,选料的标准把握两点:一是米不能有白肚,二是米不能有谷眼睛黑点。

浸米 每年腊月初十左右就要开始淘年糕米。民间有俗语:"三九、四九,冻开捣臼。"这个时期常为一年中最冷的日子,是二十四节气中的大寒前后。天寒地冻,慈城人择风和日丽的日子,到河埠头淘米,淘净后倒入大缸,再用河水浸泡7—10天。中间换一次水,以防米发酵、味变酸。有的农户也可能先在盛有水的大缸,俗称泔汁缸淘一下,再到河埠头。这种淘过米的水,俗称米浆泔水,将其用来拌饲料,营养丰富,喂猪可助猪长膘。

浸米时间长短会影响水磨年糕的质量。若浸米时间太长,米要发酵,做出的年糕口感发酸;而浸米时间太短,米

[1]擞:方言,音为"叔",意为刨或搓

慈城年糕的文化记忆

粒没有发开,下一道磨粉就艰难一些,弄不好也会影响年糕的柔软度。因而从淘米开始,人们的祈求也开始了。上了年纪的老人常会自言自语:"辛辛苦苦一年到头,全靠菩萨保佑平安。"祈求从浸年糕米的日子开始,天气不要突变,若刮东南风或者是气温升高就会导致稻米发酵。

为了祈求平安,慈城年糕的浸米风俗有二:一是淘米

■ 舂米图

■ 淘、浸年糕米

年糕制作技艺

■ 磨粉

时,女人避开生理的例假期;另一个是在浸米大缸的缸盖上放一张红纸,红纸上还要搁一根筷子,有的地方还放一把剪刀。红纸一般剪成方形或圆形,也有剪个"囍"字的。

磨粉　水磨年糕始于清朝同治年间,借豆腐之制法,夹水带浆磨糊后制作而成。虽然,此说没有史料记载,但根据"最早的石磨是依靠人力和畜力来推动的,到了晋代,我国发明了用水作动力的水磨"[1]这一记载可推断慈城的水磨可能还要再早些。因而有"磨粉是水磨年糕制作的关键之关键"之说,有些慈城人将磨粉视作慈城年糕手工技艺之魂。

磨粉需两人以上合作,一般三人为最佳搭配,一人把磨头,二人牵磨。把磨头人是磨粉工序的指挥,边把磨头,边拨米水,牵磨人则随着磨头人的摇动而匀速前后运动。米粉的细度、润滑度,全取决于三人协力的程度。磨粉时,若米粉流动不畅时,可添水助流,但加水太多,则会增加下一程序抽燥的难度。

[1]《图解天工开物》,第142页

慈城年糕的文化记忆

磨粉是一道出气力的工序,因而民间流传有《瘌头哥》歌谣。

抽燥　　磨粉时,石磨下放一只白篮,白篮内置两节红稻草,铺上大白细布,等装满后裹好布角,上面可再覆盖一层草木灰,有的人家待稍抽干后,放几块鹅卵石,但石块不能太大。

红稻草和草木灰的作用是透气和吸水。一般干燥时间为二十四小时,期间要勤换灰,以防止干燥时间过长而致米粉发酵,变红。

擞碎　　抽燥的米粉呈块状。擞碎是用手和木刨将块粉搓成粉状待蒸。据介绍:慈城的大户人家专备木刨擞粉,见前《粉刨》图。大多数的情形是边擞边蒸,也就是擞一蒸笼粉,蒸一蒸笼。

蒸粉　　蒸粉,即是将米粉蒸熟。一般大镬上放蒸笼,蒸笼底垫一层天罗丝或垫一层草垫,然后倒入燥米粉,用急火蒸。

■ 擞碎、蒸粉

年糕制作技艺

蒸粉是慈城年糕制作过程中比较难控制的一道工序。米粉的燥湿、蒸笼的干净程度、镬里是否漏进生粉、炉灶的火焰都有讲究，否则会因蒸气上来慢，或者上来不匀等原因，一下子难以将米粉蒸熟，而致米粉变色发红，影响年糕品相和口感。

■ 蒸年糕粉

蒸粉要用火。众所周知，火是人类普遍崇拜的一种对象。《越绝书·计倪内经》中有计倪对越王勾践的记载："祝融治南方，仆程佐之，使主火。"[1]吴越地区崇拜火神的历史悠久，慈城地处古越属地，慈城人自然而然也崇拜火神，而且这种崇拜直接反映到年糕制作的蒸粉工序上。因冷热气体对流，蒸粉时蒸笼会产生鸣叫，有时蒸笼尖叫时用薄刀拍一下，响声会消失，慈城人便认定蒸笼尖叫是鬼怪作祟，于是产生诸多的禁忌。比如，一般大人是不允许小孩走近上蒸师傅，主要怕小孩胡言乱语；上蒸师傅也是沉默寡言，一脸的严肃，怕触犯了火神，而导致蒸笼发出异常的叫声；此外，绝对禁止参加过丧礼，或进过产房的人走进蒸年糕粉的厨房。

舂揉 将米粉蒸熟放入石捣臼后，将其揉匀、揉实、揉糯的过程，即为舂揉。慈城年糕制作的每一道工序都会影响其最终的品质，但关键的工序有几道，比如选料，原料稻米的优劣直接影响产品的优劣，舂揉也是如此。舂揉的好坏决定了揉粉的程度，而揉粉的好坏直接影响年糕的口感。

一般揉粉时间长短随米粉数量多少而定，以 10 斤左右的米粉为例，揉到米粉的匀、实、糯，两人配合需揉四五十

---

[1]姜彬：《吴越民间信仰民俗》，上海文艺出版社，1992年7月版

慈城年糕的文化记忆

■ 揉年糕粉

下,时间要半个多小时,因此,揉粉是慈城年糕制作中较为重要又很费力的环节。大多的搭配是年轻人揉年糕,年纪大一些的畚[1]臼。为减轻劳动强度,揉粉时,常要哼上几句。大多数揉年糕人,也会唱上几句,尤其是年纪稍大的农民。唱词不外乎"揉一记来,复一记。复一记来,再来一记。"

偶尔揉年糕人的心情好,或有漂亮女人在场,揉年糕人就会展开歌喉,唱起来。歌词大意:嘿、嘿、嘿,揉起来,芝麻开花节节高来,做好年糕年年高啦!

揉年糕是两人搭档的活。两人常会开类似"偷臼"的玩笑。但"偷臼"的玩笑也不是说开就开的,因为偷得不好,揉痛手骨是小事,若揉破脑袋那就惨了。

摘条 从摘条开始,后两道工序是围着桌板的男男女女群体作业。摘条一般由男人做,他们边搓条,边与印糕的女人开玩笑。年糕常常被搓成长条状,男人们会对身边的女子说:"喏,给你,喜欢吗?"印年糕时,有时还要做吉祥

---

[1] 畚:方言,按口述音而取,意为翻

年糕制作技艺

物。

摘条的工序在宁波有的乡村被称作"斩年糕"。称斩年糕的乡村大多制作白条年糕。所谓白条年糕就是将年糕条用薄刀切断后，搓圆压扁就成了。而慈城年糕在搓圆后，还要用年糕模板印制花色年糕，这就是慈城年糕区别于其他地区水磨年糕之工序。

■ 印年糕

■ 做年糕吉祥物

109

慈城年糕的文化记忆

印花 印花,即印花色年糕,大多是女人和小孩的手工活,有座印、揿印两种,一般要借助年糕模板完成。年糕模板大小不等,并分座印模板和揿印模板两种,如下图《座、揿印年糕模板》中的左两块为揿印模板,右两副为座印模板。所谓座印,就是将年糕条放入年糕模板内框,年糕团粉填满年糕模子后,用各种擂棍将糕粉前后碾平,再脱卸模子,这样做的年糕四角成方,年糕花样和四周棱角清晰。揿印年糕,即用年糕模板按住年糕条,往下揿,年糕四周没有明显的棱角,但年糕表面有花样,揿印年糕俗称"踔倒莆鞋"。

■ 座、揿印年糕模板

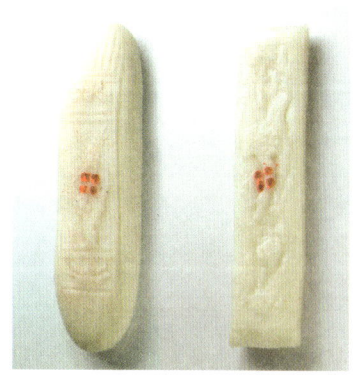

■ 模板印出的年糕,左为揿印年糕,右为座印年糕

■ 各种擂棍

年糕制作技艺

制作习俗

风俗是民族的心灵史,也是人们生活的镜子。应该说风俗是随着一个地方的历史变迁而异变的,然而,数百年来,慈城年糕的制作习俗却一直延续至今。实际上这些制作习俗所包含的意义有敬天地、尊祖先、孝父母、尚礼义、广行善等内容,这是中华民族传统伦理道德观在年糕制作上的集中显现。制作过程中那些敬天、敬地的仪式,用今天的观点去分析,是人们追求人与自然和谐的物质和非物质的存在形态;而制作过程中的齐心协力,是人们追求人与人和睦的物质和非物质的存在形态;此外,制作过程中祈求丰收、追求美满生活,正是乐观主义人生观的象征。

虔诚之心 从上述年糕制作流程,不难发现做年糕人的虔诚之心表现在年糕制作的全过程,具体有四种表达形态。一是精心挑选做年糕的原料,禁忌谷眼睛和白肚米的混入;二是说些吉利话,一户人家做年糕,大家都会共同祝福。比如,路上或河埠头碰到做年糕的人家,人人都会礼让,让做年糕的人家先淘米,接着说些好语吉词。再比如用"年年高"、"年年好"之类的吉语互相祈福;三是穿干净衣,做年糕时,人人都会换上干净的衣裳。虽然在物质匮乏年代,一般穿新衣大多是在过年时候,但做年糕时,人人会换上干净的或平时不大穿的作客衣;四是准备十分充分,除了上述制作器具的准备外,做年糕的人家往往准备特别富裹[1],尤其是裹年糕团的馅子,品种多、数量足,大多数人家会备一些咸菜炒肉丝、豆酥糖、芝麻粉、大头菜、油条等。在慈城人的心目中,做年糕是庆祝丰收、迎接新年的喜事,祝贺的邻居多,送一副年糕团答谢,也属礼尚往来。

敬畏之心 上述虔诚之心其实是人们对自然,对先祖的崇拜,因为崇拜,因而在制作时处处怀着一份敬畏。糕

---

[1]富裹:方言,意为多

慈城年糕的文化记忆

粉揉熟后,做年糕的人家先敬天地,再尊祖宗,后才分送给邻舍隔壁的仪式,这些仪式大多是约定俗成,人人都对此怀有敬畏之心。

做年糕的地点一般会选择在开阔的大道地,比如晒谷场周边的仓库。每户做年糕总将火热出笼的第一笼米粉揉成团,再分摘三团,置于道地的制高点,点上香烛,谓是祭天地。这样流传下来的俗语是:"新年新势头,头蒸供菩萨。"这种仪式,俗称野祭。严格地说,从夏商周到清王朝,民间社会是不能祭天地主神的,或者说即使祭了天地主神也不可能获得神的保护,但人们出于对天地的敬畏,还是要在庆祝丰收之际表达自己的心愿而设这种简易的祭天地仪式。余下的米粉做成年糕,但这些年糕大多是每家每户谢年和祭祖之供品。

旧时的慈城,大户人家为了感恩天地,感恩祖先的庇护还专做一些大年糕。大年糕有两种,一种是加长加宽,如前述的最早年糕模板出来的特大年糕;一种是与一般年糕长短相差不大,宽却要加三分之一,一般用如双鱼图年糕模板印制。这种年糕模板,内芯长 15 厘米,宽 5 厘米,印出的年糕比一般年糕模板所印的年糕宽 1.5 厘米。

■ 双鱼图年糕模板

摘三团第二笼的米粉,放入各家祖宗像前,谓是尊祖宗,有的人家则是摘糕团供灶君菩萨。各家尊祖宗的习俗各不相同,这是因为做完年糕后,家家户户都

■ 头蒸敬天地

年糕制作技艺

有庄重的谢年祭祖仪式,所以做年糕时尊祖宗就没有讲究的仪式,而是摘取几个年糕团放在堂前或灶头,有的人家连香烛也不点。慈城农家的年糕团也有放在自家灶头上的。余下的米粉或做年糕,或摘年糕团,所有做年糕的人都能享口福。此时,在场的所有人,不管男女老少,熟悉的或陌生的,凑热闹帮忙的,还是陌生的过路人,都有吃年糕团的份,意寓同享欢乐。

第三笼米粉出笼后,所有米粉摘成年糕团,两个一幢,每户两幢,由东家主妇按家按户分送,意寓四平八稳、邻里和睦。被送人家看到邻居送的年糕团,会祝福道:"好事成双年年高,你家来年还要好。"而送者就道谢说:"好、好、好,大家都好。"

快乐之心　　应该说,常怀感恩之心的人是快乐的。人们虔诚对天地,又对祖先怀有崇拜之心,此时此刻可能连空气都是"甜蜜"的。快乐的气氛,快乐的心,自然做快乐的事。年糕制作流程之一是揉舂。揉舂年糕时,揉年糕的两个男人常开"偷臼"的玩笑。所谓"偷臼",揉者一心想揉痛另一翻米粉的畚臼人的手。畚臼人则抱出米粉团,让揉者揉个空捣臼,这种玩笑其实是比双方的机灵劲。做年糕时,慈城人虽然常以"偷臼"论"英雄",但大家都能控制自己的情绪,绝不因"称雄"而失和。这样的互比高低纯粹也是寻开心,大家取乐一下。

当第四笼米粉揉实后,心灵手巧的老农要开始捏米粉,做元宝、鲤鱼和猪、羊、牛之类吉祥物式样的年糕,这些吉祥物年糕一是谢年的备用品,二是孩子们的玩具,其功能除了图个吉祥如意外,还是人们快乐心情的展现。

元宝式样的年糕是家家必做的,一般用五个元宝重叠,意寓五代,有五代见面(五世同堂)、五子登科、五代同福之意。做鲤鱼式样的年糕,意寓年年有余,讨个吉祥口彩。

■ 做年糕时,取一双年糕团放在灶头供祭

做大猪头,做羊、牛等小动物也是图个吉祥和高兴。用年糕粉做这些动物时,慈城人常取一种俗称乌眼睛的野果子做眼睛。

乌眼睛是一种草本植物的果子,此植物生长在堤坝上或柴篷丛中,细叶,春天发芽,之后绿叶葱葱,深秋初冬结果,果子与绿豆粒一般大,亮铮铮的,极像鱼、羊之类动物的眼睛,慈城人就地取材,用来做年糕动物的眼睛。

因为人们以虔诚之心来表达敬畏之心,从而达到快乐,因此虔诚之心、敬畏之心和快乐之心,是慈城年糕的灵魂。其实慈城年糕的"三心"不是一朝一夕形成的,而是数百年来的沉积,与此"三心"相呼应的还有制作过程的三禁忌。一是禁参加丧礼、进过产房的人和处于生理期的妇女三种人进出制作场所。若东家的女主人遇上每月的例假,一般也不出面张罗,最多在厨房烧烧火帮忙。二是忌口孽。所谓口孽,旧指胡言乱语而造成的危害。做年糕的那天,大人常教小孩莫乱说,以免不敬。三忌浪费,做慈城年糕时,虽然家家户户准备充足,待人也十分慷慨,但人们不会随意浪费一丁点米粉。比如:年糕团香喷喷,在物质稀有的农耕时代,是诱人的食品,但年糕团很会饱,有道是:"荒眼不荒肚",那么裹了一团,吃不下咋办?吃不了兜着走,谁也不会见怪。

■ 农家堂前曾是磨粉做年糕的场所;昔日的磨架不知将往何处

祭食年糕纪实

JISHI NIANGAO JISHI

年糕除了作年节的祭祀品外,还是日常过日子的口粮。作为年节物品的年糕既可作送人的礼品,又是待客的食品,祭祀年糕也好,口粮年糕也罢,已形成独特的饮食习俗。

祭食年糕纪实

据《清俗纪闻》所记,清乾隆年间的年糕已经不限于腊月制作。商品化后的年糕,其销售渠道大多是在粮店之类的粮食部门。新中国成立后,城镇居民口粮统一实行凭证、票购粮,购粮的品种中包括年糕,而且有的年份还发布类似"凭本市城镇居民购粮证每人可买年糕一斤半。此外,还可凭粮票购年糕,每斤粮票买年糕一斤半"的公告。[1]由此说明,年糕除了作年节的祭祀品外,还是日常过日子的口粮。作为年节物品的年糕既可作送人的礼品,又是待客的食品,祭祀年糕也好,口粮年糕也罢,已形成独特的饮食习俗。

节令年糕

对华夏大多数民族来说,在众多的传统节日中,最隆重、最热闹、最富有民族性的,首推每年的春节,也称年节。传统意义上的年节是指从腊月初八的腊祭或腊月二十三的祭灶,一直到正月十五,其中以除夕和正月初一为高潮,这一时间段俗称"过年"。

年,是人类在繁衍生息的漫长岁月中依据天体运转和气象更替共同创造和遵承的时间概念。《说文·禾部》中有

---

[1]《宁波报》,1956年2月3日

慈城年糕的文化记忆

"年,谷熟也",由此,年既是日月运行四季轮回的时间概念,又是农耕时代作物成熟收获的标志,是人们庆祝丰收的节日。年节的原貌虽然随着时代的变迁而变化,但时至21世纪的2010年,中华民族的年节仍然或多或少有祭祀神佛、祭奠祖先、除旧布新、迎喜接福、祈求丰年的内容,而且是以亲朋好友相聚为主要形式的古老传统节日。这正如著名作家冯骥才关于年的论述:"年是被一种渴望撑大的。那么,年到底是精神的,还是物质的?当然它首先是精神的!它绝不是民族年度的服装节与食品节。而是我们民族一年一度的生活情感的大爆发,是以家庭为单位的大团聚,是现实梦想的大表现。"[1]

因为是人们"生活情感的大爆发",因为"是以家庭为单位的大团聚",因为"是现实梦想的大表现",所以慈城人的过年,其要义有敬天地、尊祖先、孝父母、爱儿女、尚礼义、广行善,这实际上是印刻在人们心灵中的中华民族古老的伦理道德观。

长久以来,年糕是多民族、多地域共同使用的一种年节食品,尽管有的地方不是江南的那种水磨年糕,但至少称呼相同,并且同样是稻米和水的结合物。不仅中华民族有过年吃年糕的传统,而且海外的日本人、韩国人也有新年吃年糕汤的习俗。

在江南的慈城,做完年糕后,每家每户要张罗送年和祭祖仪式。"送年"是慈城人特有的称呼,与其他地方的谢年一样。送年其实是敬天地礼神明,一般与祭祖同日举行。于是,送年和祭祖成了人们把辛勤一年的收获奉献于祖先的灵位前,奉献于各种自然神、人格神和幻想神的祭坛上,是表达感恩之情的一种仪式,这是年节中最为庄严的仪式。因为有这样的仪式,就春节的文化内涵,民俗专家认定,春节是感恩节[2]。为了感恩,在腊月掸尘之后的大年廿

[1]《抒情散文》,第64页
[2]《春节》,第183页

祭食年糕纪实

四到大年三十，慈城人择日送年。所谓择日，不用特别挑选吉日，也就是随便哪天都行，也许是感恩不受时间等因素限制吧。

送年的供品有鱼、鸡、猪、豆腐、金团、粽子，此外还有五代元宝、定糕和如意等形状的年糕。每样供品上贴红纸，放在祭桌上。鱼必须是活鲤鱼，口彩谓"鲤鱼跳龙门"，意寓年年有鱼（余）。为防止鱼弹跳落地造成不快，往往事先给鱼灌几滴老酒，祭毕人们要给鲤鱼放生；鸡是雄鸡，余得生点，样子要挺括，鸡嘴叼根葱，讨"兴冲冲"的口彩，意寓兴旺发达；猪头为公认的利市吉祥物，一条猪尾巴咬在嘴里，也可盘在头顶，以示全猪；豆腐，三五块重叠，意寓发涨；五代元宝年糕，音讨年年高彩头，形似代代高，而如意年糕、定糕年糕意寓万事如意，必定中、必定发等。

慈城望族的送年

口述人：冯一敏 女 77岁 慈城镇居民

口述时间：2008年1月

口述地点：慈城镇太阳殿路42号

口述人：周杏云 女 91岁 慈城镇居民

口述时间：2008年6月

口述地点：慈城镇慈湖人家189号

送年是一家一年中最重大的事情，排场除了结婚外也是最大的，鲁迅先生的小说《祝福》中的相关情景与慈城大户人家的送年情景差不多。

首先是祭坛。祭坛有的是三张八仙桌组成的"品"字形，有的是五张八仙桌排成"品"形。那时候我大约十来岁，我阿爸阿姆（槐花树门头冯氏）送年是三张八仙桌组成的"品"字形祭坛。

桌上放的是祭品。（记忆中）头排放五代元宝一盘、鱼、

慈城年糕的文化记忆

■ 旧时慈城送年图

鸡、猪、豆腐各一盘。头排中间放五代元宝,五代元宝的祭盘先垫一层或两层条形大年糕,上面是一幢五代元宝。两旁分别是鱼、鸡、猪、豆腐,有的年份若缺鸡或豆腐,就用鹅代替,但绝不用鸭子。这是因鸭子的叫声"嘎嘎"声不顺耳,怕来年有叽叽嘎嘎的麻烦。头排放的鱼一般是活的鲤鱼。活鱼怎么能放在没水的木祭盘里呢?所以鱼买来后,先要向鱼嘴里灌几滴老酒。这样,等送完年,鱼的酒醒了就好去放生,这样做意寓年年有鱼。取豆腐意寓发涨。

然后,自上横头到下横头次序,两边各放一盘如意年糕、金团、粽子、定糕年糕,如果如意糕和定糕的数量不足,均可用条形年糕垫底。桌子的中间放四水、四京和五色或七色蔬菜,所有祭品加起来总盘数只要是二的倍数即可。

四水一般是橘子,取其谐音,意寓吉祥;荸荠,取其紫色,意寓大富大贵;香蕉,取其形似元宝,意寓发财;莲藕,取其多孔,意寓路路通和睦。甘蔗也可作四水之祭品。甘蔗,其形多节,其味甘甜,这就意寓节节上升,越老越甜,生活越过越甜蜜。

四京一般是红枣、桂圆、陈皮梅和柿饼之类非慈城产的南北干货。旧时的慈城,有人在京城当官,过年回家时自然带一些糕点或果脯之类的食品,那时交通不方便,在京城为官的人也不多,因而慈城人稀罕来自皇城的食品,称

祭食年糕纪实

其为京果。之后,出门去全国各地做生意的人越来越多,便将约定俗成的称呼范围扩大到南北干货。

五色或七色蔬菜是:花生,俗称长生果;芋艿,意寓子孙满堂;烤麸,意寓依靠丈夫有饭吃;冬笋,意寓节节高和上下有节或有序;油豆腐,色近黄金,一盘的油豆腐只数多,意寓黄金万量,象征富裕……每盘蔬菜上各放一些菜头点缀。菜头,讨顺头顺脑之彩,意寓顺利,一般是金针、木耳、带根青菜和染成红色的粉丝。

金针、木耳是旧时南方的罕见之物,其色各为金黄和黑色,除配色外,还有家境富裕之意;带根青菜用开水一烫,碧绿生青,意寓出人头地,头头是道和不忘本;用红曲染色的粉丝,取红色的喜庆。

我们家的送年在堂前间。脱下堂前的腰节门,这样似乎与天井连成一体了。一把官椅搁风箱斗筒上,而风箱斗筒则放在堂前沿阶边,椅背挂两串金箔元宝。送好年,撤去一张桌的上桌,再将两张并列的桌子转成前后桌,这一撤桌、重排祭桌的过程俗称是"转福"。然后,再进行祭祖仪式。

■ 祭祖图

慈城年糕的文化记忆

祭祖时，送年当中用的祭盘全部改成碗头，一般有十碗或十二碗。五代元宝换成两只小元宝，另加一盘盐和一盘糖。这样做的意思是，送年为敬神，祭品不分生熟和咸淡，而祭祖为敬先人，既然是人，那么食品必须是熟的，又有咸淡之分。

祭祖与送年不同的还有椅子的摆放。祭祖时桌子上方摆两把单背椅，而送年时则摆一把官椅，在慈城人心目中，神即是官。祭祖时，除了摆放单背椅外，祭桌两旁还放几条长凳，意为祖先有男，有女，还有祖辈、太祖辈和太太祖辈，有很多祖先。

送好年，女主人会叫佣人把供祭的如意糕、定糕、元宝和打底的条状年糕都切成片，然后烧一尺八镬锅的年糕汤。待祭祖仪式结束，女主人托着茶盘挨家挨户分送年祭品和年糕汤。当年，阿姆送年糕汤时，我们姐妹就跟在她的后面。一般每户送两碗菜和两碗年糕汤，每碗上面都放几丝菜头，色彩鲜艳，汁水年糕的香味随人的走动而外溢，实在诱人口水……而等敲开邻家的门，邻人见状，就道喜："今日，你家在发财！"而母亲接过邻家的话音，回道："一起发财"。就这样的景，这样的情，每年要来回走好几趟，差不多要把平时能见面的邻居都送到。

送完邻居，一家人就吃送年饭，除了一家老小，长辈还邀请平时走动比较频繁的亲戚好友，俗称办送年酒。这一顿送年饭家家户户必备年糕汤。在慈城人的心目中，年糕是谢年时必供、吃年夜饭必食之品。

■ 年糕汤送邻居

祭食年糕纪实

中国传统文化强调"天人合一",送年,其实是人们天人合一观念的具体实践。从上述慈城冯氏家族送年、祭祖仪式来看,其过程至少表达了全家人的三种感恩:一是对自然万物的感恩;二是对祖先的感恩;三是对亲朋邻居的感恩。这种仪式其实是人们原始信仰的演变,在表达诸多的谢意之时,其实带有对自然、祖先和亲朋邻居的回馈和报答,比如放生鲤鱼、送年糕汤和办送年酒等。此外,在表达对自然恩赐的谢意、对先祖庇护的谢意和亲朋邻居的谢意之时,也表达着全家人对美好生活的向往。而此时此刻,年糕就成了人们表达感恩的信物。相对而言,年糕制作容易,一般人家都能制作,因而具有普遍的民间性。

那么作为感恩的信物——年糕,除了送年和祭祖外,还用于年节中的哪些场合呢?

送节的礼品

□述人:陈婵英　女　91岁　慈城镇居民

□述时间:2003年8月

□述地点:慈城镇中华路190号

□述人:冯少甫　男　86岁　庄桥街道苏冯村居民

□述时间:2008年8月

□述地点:庄桥街道苏冯村10号

旧时,慈城地区的馈岁礼品中必有年糕。为此,做年糕前,家家户户就要盘算多少留下自家吃,多少送人。

送年糕先送远的,再送近的。这是怕天气的突变,假如天一起南风,气温回升,年糕就要发霉开裂,那就要影响品相了。现在说发霉的年糕有毒不能吃,过去人不知道这些,只知年糕发霉不好看,所以,年糕做好后,第一件事就是找信客[1]先送给上海等地的亲戚。年糕是三纵三横交叉一层一层码上去的,一般是6层18根为一幢,每根年糕中间点

[1]信客:旧时对专门替人们递送物品信件的人的称呼

慈城年糕的文化记忆

有红印,每幢贴一张红纸,考究点的人家还把红纸剪出"囍"字。送人一般送二、四、六幢,具体多少视两家关系亲疏而定,但数目必定是2的倍数。若是送往宁波、上海等外地的,除了年糕,还有冯恒大的香干、酱油,一般是甏装或瓶装酱油两瓶,箬壳包装香干一包,内裹香干20块。后来,做年糕的店家有了招牌,送人的每一幢年糕上放的招头红纸开始印字,比如"恭喜发财"、"大吉大利"等吉祥语,还有做年糕店家的店号,记忆中好像有阿四年糕等店号。阿拉送去年糕等土产后,上海的亲戚回礼大多是粉丝、糖果、奶油饼干等,好的人家还有衣料。

我(冯少甫)从小住在上海,冬至前后,乡下的亲戚来上海总带有年糕,也有托信客送来年糕。年糕送来后,我的早饭就由泡饭改成年糕。每天起床后,从缸里捞两根年糕,一根切成三段,放入铜茶壶,到老虎灶用开水一烫,再用酱油或糖一蘸,这样就当早餐了。

年糕作坊的招头红纸(民国早期)

■ 找信客送年糕

■ 慈城年糕码法

明嘉靖《宁波府志》中记载:"宁波府属的五县皆有岁除前数日,各以牲羞果饵馈送亲,谓之馈岁。"[1]。清雍正《慈溪县志》中记载:"'岁除'前数日,各以牲羞、果饵馈送亲友,谓之'馈岁'。"[2]据史料和慈城人口述,慈城年糕很早便为馈岁的礼品之一。

[1]俞福海:《宁波市志外编》,中华书局,1998年5月版,第356页

[2]《中国地方志民俗资料汇编》(华东卷),第790页

慈城年糕的文化记忆

除了祭祀、馈岁之用外,综合慈城人口述,过年至少还有以下八种场合会陈、食、用年糕。

不同祭灶祀品 腊月祭灶之俗始于汉,一直沿袭至现代,而且各地汉族的祭灶习俗大体相同,又各有特点[1]。在相近却不相同的祭灶习俗中,祭灶的供品之列差不多都有称"糕"的大米制品。

慈城地区祭灶的供品之一是元宝年糕。慈城的元宝年糕就是做年糕时手捏的大小不等元宝状的年糕,如五重元宝年糕图。清末民初,慈城南货店、年糕店看到乡人青睐元宝年糕,于是每年的腊月专门做元宝年糕以满足消费者。

宁波人的送灶是"送年送灶事才了,又把门神贴一遭"。是日,各家在灶梁设香案,先供净茶,再供特制的祭灶果。所谓祭灶果是用糯米、花生、芝麻等做成的甜品。慈城人灶祭比宁波有的地方祭灶多一种供品,即元宝年糕。

店铺的团圆饭 唐宋时期,慈城就产生了经商巨族——冯氏五马桥支系,以开药号发财致富[2]。继而慈城大街出现了大小店铺。一般过年前,店铺老板要请伙计吃年夜饭。吃好年夜饭,伙计拿到红包也就放假回家了。

店铺的年夜饭上,年糕是必不可少的。老板娘客气,伙计们可吃到油菜、肉丝、笋丝炒年糕或茭菜丝、肉丝、笋丝等四色炒年糕,意寓四季平安、四季发财;倘若这一年店家收成好,老板娘也大方,就会在炒年糕中放少许火腿丝,这样就成了色、香、味俱全的炒年糕。倘若店家收成平平,老板娘不太"客气",那么伙计们至少能吃汁水青

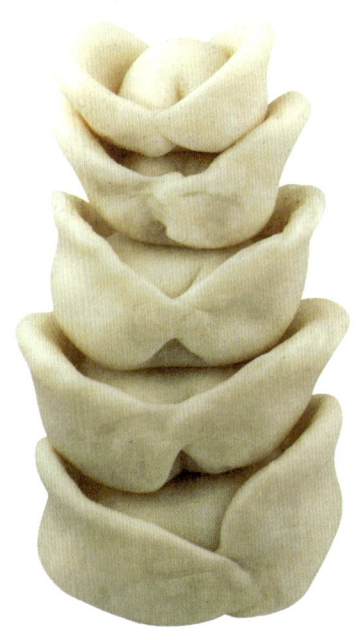

■ 五重元宝年糕

---

[1] 杨福泉:《灶与灶神》,学苑出版社,1994年7月版,第135页

[2]《儒魂商魄》,第152页

祭食年糕纪实

菜年糕汤。有些店家的年夜晚更是只吃汁水青菜年糕汤,不吃米饭。汁水青菜年糕汤是美味的主食,因为汁水系水煮猪肉、鸡肉后的汤水,味道鲜美,年三十吃汁水年糕汤,还是讨油水足年高的彩头。

这里顺便说一说,店铺的年夜饭除了吃年糕习俗外,还有宾客座位上的讲究。假如是老板坐在主人位,俗称上横头,那么伙计们就会开开心心,不用担心开年后的"饭碗"[1]问题。假如老板请伙计坐上横头,那么这位伙计就吃不好这顿年夜饭了,因为这位伙计有被解雇的可能。假如这位伙计还想继续做下去,就要挽亲谋戚[2]托人向老板讲好话疏通去了。

新年祠堂供品　　大年初一早上,家长率子孙进祠堂拜祖宗,有的望族有大小祠堂好几个,其祭拜的顺序是先大宗,后小宗。是日,祠堂的"喜神"案上,放置了牲醴、茶果、年糕、粽子等供品,点烛烧香,一家老小依次行拜年礼,有的至亲前来相贺,也要参拜祖宗遗像。有的宗祠族规里,男子16岁才可祭拜,而女人则不能参加祭祖仪式。祠堂轮着当办者给祭拜者每人分发麻饼(亦称吉饼)一双或碗两只。

饭富年糕　　"饭富"谐音"万富",讨的是"万副家当,发家致富"的彩头。年三十,慈城人还要淘米数斗,煮一大锅米饭,用白篮盛满,上放两根年糕,贴上红纸,再撒一些红枣、桂圆、荸荠等果品于饭上,放在堂前案桌,此盛在白篮里的米饭俗称"年饭",是一家人初一至初五的主食。旧时的正月初一,是家庭主妇的休息日,也是各家日用器皿的休息日。这一天,大多家庭不扫地、不生火(也不向别人点火、点香烟)、不动剪刀、不倒马桶等,这是讲阴阳,图吉祥的旧俗。旧时的慈城人还追求"缸缸满、甏甏满,来年发大财",讲究的人家一般从初一到初五间是不开米缸的,吃的是年前准备的饭富和年糕。年糕的吃法是煽熟,然后用酱

---

[1] 饭碗:方言,职业的俗称

[2] 挽亲谋戚:方言,这里的"戚"音读"居",意为寻找关系

油或糖蘸着吃。

缸缸满、甏甏满的习俗还包括在米缸内放上年糕、鱼、肉和饭四样食品,意寓吃不完、用不尽。

器物年糕　与万富年糕讨彩头一样,旧时的慈城人,每次做年糕时要做不少大小不等的元宝年糕,或去买一些元宝年糕,这种元宝即是前面《五重元宝年糕》图中的单个元宝,形小。

年三十那晚,家家就将元宝年糕放在或用丝线系于平时用的器具上,比如镬铲、铁镬、茶壶、筷钳笼……正月初五以后,再将这些元宝年糕切片做年糕汤供一家老小食用。

对此风俗,有清乾隆文人朱文治的《消寒竹枝词》"人情谁不喜攀高,细事耆年记得牢。大小秤边仓廪畔,夜深处处饲年糕"作记。

关于器物年糕,不仅仅限于慈城地区,如象山,"凡家用刀尺、斗筲诸器,皆祀以年糕。"

拜客登筵　胡人杰的《正月竹枝词》记:"家家红柬共相邀,兼味无多饮浊醪,差喜杀鸡为黍外,登筵还有炒年糕。"胡人杰为清朝同治年间余姚人,余姚时属绍兴府,但与慈城相临,因而每年新春佳节,两地文人墨客间有相互贺岁的习俗。那时的慈城,家家准备宴席,而发请柬相邀的客人,属于请坐、请上坐、请上上坐的贵客上宾,席间这道炒年糕大多是桂花炒年糕。文人墨客大多是读书人,"桂"谐音"贵",桂花意寓折桂,读书人自然追求此。如果用了其他甜点后,也有吃咸味年糕的,但大多不用肉丝炒年糕,这意寓清高,是出于苏东坡的诗"宁可食无肉,不可居无竹"。

接财神　正月初五为财神日。为图吉利,慈城人有半夜接财神等习俗。另外这天还有供财神的习俗,家境好的人家还要买鱼、羊、牛肉和馒头,而在农村,一般用所做

祭食年糕纪实

的鱼、羊、牛等年糕动物替代实物鱼、羊、牛肉。此四样意寓有鱼、吉祥、牛气和大发，为的是讨"接福迎祥"和"大发财源"的彩头。这一天，开店做生意的店主还要请伙计吃财神酒，同吃油菜年糕汤，意寓油水足，大发财源。

翌日即初六日，慈城各家各户又要做新年羹饭，菜肴有8大碗、10大碗、12大碗不等，但其中必有年糕，意寓步步登高。新年新月，说些吉利话，图个吉祥意，生活中也就增加了一些欢乐的气氛。

拜庙岁和吃元宝茶　　旧时过年，慈城民间还有拜庙岁和吃元宝茶的习俗。

正月初一，约上亲朋好友一起去永明寺、紫国庙、柳山庙、城隍庙、关圣殿、鲁班殿、莎罗庵、吉祥庵等处进香，或去清道观撞钟……这是拜庙岁。然后去一家茶楼吃元宝茶。在茶杯盖上放两枚刀柄敲扁的青果，此青果大多是备给拜岁的亲朋，等客人上门就用此泡茶，即元宝茶。留客人吃饭称"岁饭"、"岁酒"，菜分四冷盆与四热炒。四冷盆是蚶子、蛏子、泥螺、白斩鸡。有家人出门在上海经商的人家，桌上摆的是皮蛋、熏鱼、腊肠、肉松等上海食品。四热炒是炒笋丝、黄芽菜、鲜鱼丝、油爆虾、油炸春卷皮子等中的四样，最后上一道油菜年糕汤，既当饭又当汤。

日常年糕

旧时，长江以南，尤其是江浙两省人们的主食以大米为主，即米饭。此外是大米的粉制品，如年糕、米线等。

比较年糕与米线，年糕的吃法相对较多。众所周知，主食的米饭要配菜肴才能下箸，而农耕时代，物资相对贫乏，

慈城年糕的文化记忆

平时的菜肴以蔬菜为主,而年糕与蔬菜一起烹饪能做不少花色品种,既能调口味,又省钱。

春节过后,大地回春,时令蔬菜——菜蕻开始上市。这个季节,大多数人家差不多以菜蕻炒年糕替代米饭当主食,这是因为菜蕻炒年糕既是饭,又可以当菜,比如过老酒的菜,因而大街小巷开始传唱"哎,啦啦啦啦,哎啦啦啦,菜蕻炒年糕呀,味道交关好呀"。

旧俗,慈城有腌咸菜的习俗。开春后,慈城人又喜欢将咸菜晒成霉干菜。新鲜霉干菜出炉后,慈城人往往视霉干菜像百搭菜一样,与其他食物煲着吃,其中就有霉干菜煲年糕。最初吃霉干菜煲年糕仅仅是一种偷懒的吃法,想不到霉干菜的咸、鲜、清口,竟使霉干菜煲年糕另有风味,渐渐成了慈城人改变年糕口味的一种吃法。

而没有晒成干菜的咸菜随着气温升高,开始发酵变臭,同样的道理,浸在鬓里的年糕随着气温升高,开始发酵变味,节约的慈城人决不会轻易扔掉臭咸菜和臭年糕,而是将两臭合在一起,放一碗臭咸菜年糕汤。唉,别说臭咸菜年糕汤,闻闻有点臭,吃起来倒蛮香,这有点像吃臭豆腐一样,臭咸菜年糕汤成了慈城人日常生活中的一道点心,尤其是上了年纪的老太太,特别爱吃。因为经过发酵以后的年糕容易煮烂,柔软的年糕汤正合掉了牙齿的老人的胃口。

旧俗,早餐一般吃泡饭。哪一天,烧泡饭的冷饭少了些,主妇们就撩根年糕,将其切片后与饭同煮,俗称年糕泡饭。反正,家有年糕,主妇不慌,一根年糕处处救急。

年糕有两种贮藏方法,一是将年糕切片,置阴冷处风干,然后置于密封的器皿中;一是整条年糕晾干后,浸于缸鬓内,随吃随取。无论哪一种贮藏方法,年糕都是孩子们的零食。

祭食年糕纪实

作为大米制品的主食之一,年糕自腊月做好后,与我们的生活相伴至少有半年之久。假若算上年糕干片的话,就可以一年吃到头了。

旧时的慈城,县城东门外一个叫天门下的地方,生活着不少称为堕贫[1]的特殊人群,他们社会地位极其低下,是封建社会制度下贱民阶层的一个组成部分。堕贫以服侍各自脚埭[2]内的东家而生存,从事着如当送娘、剃头、绞面、吹拉弹唱的行当,而东家则以年糕作工钿抵付给堕贫。这情形正好与清同治年间范寅著的《越谚》中有关年糕的记述相符。由此说来,年糕不仅仅是食品。

丈母娘待客之道 俗话说:"丈姆一声呕(招呼的意思),蛋壳一畚斗。"旧时,准女婿上门,丈姆娘招待女婿的点心是糖水年糕揎勒蛋[3]。有些家境条件好的人家是吃桂圆揎勒蛋。桂圆旧属高级的京果,比较稀罕,不是户户人家办得到的,当没有桂圆时,慈城地区,尤其是农村的丈母娘就用年糕替代,这是因为每家年糕多。而准女婿吃到了糖水年糕揎勒蛋,就会乐得心里开花。

准女婿回家进门,母亲就要问一些相亲的情况,若儿子告诉母亲:"今天,我吃过糖水年糕揎勒蛋。"当娘悬空半天的心总算可落地了。这下儿子能抬媳妇了,娘也好抱孙子了。

旧俗,丈姆娘看女婿只看不言。有道是"女婿是娇客,重言重语说不得"。那么,丈姆娘看中意了女婿怎么办?她叫人端来了糖水年糕揎勒蛋,此时的年糕不仅是招待女婿的点心,还是表达心意的符号。

六月火热炒年糕 手工年糕的时代,是居家过日子没有冰箱、空调等家用电器的时代,那年代里的夏天,一日三餐佳肴少,菜亦难烧,暑热吃清淡是慈城人生活的诀窍。

---

[1]堕贫:方言,音读皮,意为堕民。堕民,明清以来生活在江浙一带的贱民,处于士农工商四民之外的特殊阶层的称呼

[2]脚埭:方言,埭读大,意为堕贫服务于东家的地域范围

[3]揎勒蛋:方言,"揎"音读忽,意即水波蛋

少吃荤腥多吃蔬果的季节,菜蕻炒年糕是一道既当点心又当饭的佳肴。菜蕻不是六月的时令菜,年糕也不是六月的时令食,何来菜蕻炒年糕呢?原来菜蕻是菜蕻干,也称万年青。年糕亦是年糕干。头夜取年糕用冷水浸泡,第二天再取菜蕻干,用冷水发一下,等中午炒一盘碧绿玉白的菜蕻炒年糕,就是一道赏心悦目的主食。

年糕点心祈丰收 旧时,除了早、中、晚三餐外,一般将上午九、十点钟与下午三、四点钟俗称"点心时"。这是农耕时代的一种生活习惯。农人日出而作,日落而息,长时间在野外耕作,十分劳累,一日三餐不足以维持体力,中间需要补充吃食,点心就是用来"抵饥"的。

此时作为点心的食物与主食也不同,一般面类、团类、糕类和饼类均可。年糕自然是慈城人的点心,上面说的菜蕻炒年糕是农民常食的点心。

旧时,妇女没工作,她们往往动足脑筋,做花花色色的年糕点心,比如开春后满地遍野有了荠菜马兰,她们发动小孩出门挑荠菜马兰,然后炒一盘荠菜炒年糕;家里的老母鸡嘎嘎地叫,下鸡蛋了,她们做一盘鸡蛋㧎年糕,起锅时再撒上几粒青葱。哇,焦黄的蛋,青青的葱,白玉般的年糕,好一盘鸡蛋㧎年糕,送到田头,给下田的男人当点心,这一道点心似乎还是农民的补品。

慈城曾是沿海一邑,多海苔。聪明的主妇,取海苔与年糕同㧎,也是一道色、香、味俱全的点心,而且花费不高。反正,年糕当点心一直要吃到年糕稻种落田。用年糕当点心,人们有意祈祷五谷丰登。

小孩读书状元糕 旧时,慈城的南货店卖或定做状元糕,主要用于学龄儿童新生上学。外甥六岁上学时,外婆要备衣服一套,并送鱼鲞烤肉、鲜蛋、金团、青箬粽和状

祭食年糕纪实

■ 爆年糕片

元糕等礼品到女儿家[1]，以祝外甥高中状元。

爆年糕片接接缘[2]　旧时，孩子们少零食，年糕片可作孩子们的零食。零食年糕片的吃法一般有炒或爆两种。

一炒，此炒与上述菜蕻炒年糕中的炒不同，这里的炒是干炒，直接将年糕干放入铁镬，放一些盐干炒，炒熟可食。这种炒年糕片硬而脆香，且越嚼越香，这正合少零食的孩子们胃口，用现代医学观点来看，让孩子多嚼硬食品利于牙齿的生长。现在分析，那年代的孩子少蛀牙是否是由于少零食而因祸得福呢？

二爆，用专爆爆米花的器具。一般年糕片爆好后，大人用大碗或小茶盘臼一碗或一盘年糕片，叫自家的小顽送到隔壁有小顽的邻居家中，这样邻里间接接缘，示意大家和睦相处。

花色零食说童年　笔者小时候，和外婆、阿太（即太外婆）一起在南矮墙晒太阳。到了下午点心时，外婆去撩

[1]张传保、赵家荪、陈训正：《鄞县通志》，宁波出版社，2006年11月，第2594页

[2]接缘：方言，意为搞好关系

慈城年糕的文化记忆

根年糕,切成几段放入阿太围蓝布下的铜火熜,覆盖好炭灰。待一会儿阿太用剪刀手把拨开炭灰将年糕翻个面再覆盖好炭灰,这样几个回合,阿太的火熜里就会飘出来米烧焦的香味,那就能吃上美味的煨年糕。偶尔阿太的饼干箱藏有豆酥糖,那就能吃上煨年糕醮豆酥糖。长大后,下午的点心也是煨年糕,只是自己煨了。有时中午放学撩一根年糕,晾燥后放入书包。待放晚学时,约一两个小伙伴,在野外寻一处窝风处,拾一些树干、枝叶,点上火煨年糕,随着白色的年糕转黑,那阵阵米香味扑鼻而来,饥肠也开始辘辘了……有时放学回家,做的第一件事是从年糕甏中撩年糕,然后煨年糕。那时,城中家里,只能将年糕搁在煤球炉上煨,但那香味至今不曾散去。

除了煨年糕,还有油揾年糕,味道更好,绝不比现在孩子吃的肯德基味道差。后来,看大人们做了蛋揾年糕、苔菜揾年糕以后,笔者也学会了。回想儿时做和吃年糕零食的情景,让人重温了没有零食年代的童趣。

年糕作报酬工钿 旧时的慈城有俗语,"灶王阿二地扫好,年糕吙没糙也好"。这说明主人常以年糕抵工钿赏给帮工。慈城还有首《白话佬》的歌谣,它的唱词为:

一年来一遭,所有人家都跑到。
文财神送元宝,武财神也走到,送上九十九只大元宝。
前三进,后三进,三三计九进,二九十八进。
中间造起桂花厅[1],绍兴班子做戏文,唱了三日三夜整。

《白话佬》唱的是穷人向富人贺年的情形。那么,每次贺完年后,富人以什么酬谢呢?据对慈城堕民的田野调查,酬谢大多数是年糕。堕民后裔对东家赏年糕有如下的记忆:

---

[1]桂花厅:慈城一地名,在民族路上

祭食年糕纪实

小时候随阿姆去贺年，东家听了好话后，第一句话："好了，火钳在老地方，年糕，你自己去撩。"

"乍介慢，你撩了多少？年糕多撩要发臭的。"

贺年讨赏时，东家老太一手拨佛珠，开只眼、闭只眼。"今年给的年糕多勿多，别忘记，做生活时，尽力点。"[1]

《越谚》中有记述："年糕：浸粳米一石，掺糯米五升为粉，蒸舂，搓凾条，犒男女雇工之贺年者。"[2]

流传慈城地区的歌谣《长工叹苦经》中有"廿七夜，拿之年糕三十根"，可见，年糕曾是东家抵工资的实物货币。

堕民讨年糕[3]

定法嬷，她自己好像没名字，她的老公叫定法，村里的大人叫她定法嫂，小孩叫她定法嬷。

定法嬷家在街里。家里很穷。她的老公死得早，又没有孩子，就孤身一人。一间低矮的破屋就是一个家，家里什么也没有。床是砖头搁搁，稻草铺铺。但家外家内有很多用来浸年糕的七石缸。

旧时，一到腊月，村里的家家户户就要做年糕。定法嬷也就开始讨年糕。年糕做到谁家，她就讨到谁家。常常是她的人没到，声音已到了"年年高，年年好"。她不进家门，只是站在门口，反复这两句话。若主人递给年糕，她总是双手接过，顺口说出一句："恭喜发财"。一般她对人们给的年糕没二话，但谁要是只给一根，她准会说"好事成双"，言下之意再给一根。如此挨家挨户讨过去，几百户人家的村庄，每一年讨得的年糕还真不少。这样讨来的年糕，定法嬷卖掉一点，自己留一点。留下的年糕浸在七石缸里。每天吃几根捞几根，几缸年糕吃到夏天还有。天热，年糕要发臭，所以定法嬷的老棚[4]，一到夏天就贼贼臭。

所以慈城年糕还是慈城堕民的口粮。

[1] 王静：《中国的吉普赛人——慈城堕民田野调查》，宁波出版社，2006年10月版，第164页

[2]（清）范寅点注：《越谚》，人民出版社，2006年4月，第199页

[3]《中国的吉普赛人》，第202页

[4] 老棚：方言，意为堕民的家

慈城年糕的文化记忆

贴金送银 旧时的腊月,天门下的堕贫买来黄豆粉、芝麻做金条,然后从年糕作坊买来现成的元宝年糕,于腊月廿边,捧着装有黄豆条和银元宝的果桶向东家拜年,而东家往往赏给堕贫一些大米和年糕,这一习俗称"贴金送银"。"贴金送银"时,堕民送去的是元宝年糕,收到的都是印花年糕。

各地食俗

年糕作为吉祥食品,全国各地大多过年备的年货中有年糕。著名作家冯骥才先生说办年货是年俗之一。冯骥才先生所办的年货中必有宁波老家的慈城年糕。这自然是讨年高的口彩。然而,由于各地饮食习惯的不同,虽然讨的同样是年高的口彩,但其吃的时间与吃法却是截然不同。岁时的年糕,除了上述腊月、正月祭祀用外,各地还有两个特殊的日子食用年糕,一是正月初七的"人日",另一是二月初二。以下根据史料等记载,说说年糕在各地的不同祭食习俗。

东北益寿糕 晋人董勋的《答问礼俗》中说:"正月一日为鸡,二日为狗,三日为猪,四日为羊,五日为牛,六日为马,七日为人。"[1]

正月初七这一天,吉林省辽宁省辽源和四平、沈阳等地,家家有食年糕风俗,取年高益寿之意,而且古来词人多以此作诗。[2]

庙会卖年糕 北京,盛正月食黍糕,曰"年年糕",有市卖江米竹节糕古风。

---

[1]《中国地方志民俗资料汇编》(东北卷),第74页

[2]《中国地方志民俗资料汇编》(东北卷),第362页

祭食年糕纪实

正月初五称为"破五",除了初一吃饺子外,初二至初四,无论是请客还是自家家宴,都要吃馒头、年糕和炸糕。初五再吃饺子,年也就基本过完。

年末岁首,北京的庙会集市上,卖各种小百货,还有风味小吃,其中少不了年糕。

馅儿花年糕 清代《天津志略》记载:"元旦食黍糕,曰'年年糕'。"如今的天津还有黍糕,因黍粉带香,黍糕是一种有着糯米团那样黏性又比糯米团具有香味的年糕。天津人讲究吃,连年糕也追求色香味,天津年糕的色大多有黄、白两种,分别象征黄金、白银,以祝过年发财,为了年糕更有吃头,常在其中掺加小枣、小豆或夹上豆馅儿。[1]

■ 天津馅儿花年糕

送灶陈年糕 据有关文献记载,江浙两省都有用年糕祭灶的习俗,如江苏的常熟有"一声爆竹送神回,爇红元宝定通财"。另据杨福泉的调查,汉族各地祭灶祀品除江苏的那种元宝年糕外,还有用"糕"的食品,如山东省的辞灶供品主要是糖瓜、米糕等黏食和甜食。1931 年的《天津志略》记载:天津地区祭灶亦于阴历十二月二十三,供以糖饼、糖瓜、黏糕、胡桃等品。这里的米糕和黏糕,其实是糖年糕,只是各地的叫法不同而已,其意均希望灶君菩萨能"上天言好事,下界保平安"。

苏州方头糕 在江苏苏州,过了腊八,家家得准备年糕。[2]一般富贵人家因用量大,常常雇糕工到家,磨粉自制自蒸;寻常百姓则在市间购买。年糕也有黄、白之分,大径尺而形方,俗称方头糕,有的形似元宝,名称元宝糕,备作年夜祀神、岁朝供先及馈赠亲友。凡用于赏赉仆婢的年糕,大都是狭长形,俗称条头糕;稍阔一些的形状称为条半糕。

常熟调头糕 江苏常熟的年糕为圆形,除了正月相

[1] 贾长华:《天津卫过大年》,华中科技大学出版社 2006 年 1 月版,第 97 页

[2] 王稼句:《姑苏食话》,苏州大学出版社,2004 年 4 月版,第 106 页

慈城年糕的文化记忆

关习俗中用年糕外,农历二月初一必食年糕,原来二月初二为"龙抬头",此前食年糕,曰调头糕。

中国汉族以龙为图腾,在正月敬天地祭祖宗之后,二月开始祭祀图腾,以求龙王保佑一年的风调雨顺。在常熟,"二月二,龙抬头";二月二,食年糕,又曰撑腰糕。

此外,食调头糕、撑腰糕的民俗,同属江苏的苏州、无锡,上海青浦,浙江嘉兴等地亦有。

娘家馈年糕[1] 浙江省嘉兴地区,每年腊月,嫁女的母亲要给亲家母家送年糕,向女婿一家致年节,而其他亲戚互相馈遗,称作年节礼。

畲族特色糕 年糕还是畲族的特色主食。[2]畲族的年糕,以粳米、白糖为原料,经浸、磨、压、拌后,入甑蒸熟,再切成方形厚片,即可食用。

定亲糖糕担[3] 浙江温州地区有一种糖模板是用来印糖糕的,我们这里的年糕不印花纹。过年前,每家都做30斤、40斤、50斤不等,多的人家做百余斤。而做糖糕多的是定亲人家,过去定亲结婚要用糖年糕模板印花。糖糕也称年糕,不过糖糕制作多了两道加糖水印花的工序。

旧时男女双方定亲时,男方家要挑糖糕担去女方家。女方收到男方送的糖糕担后,将糖糕分送给亲戚朋友。亲戚朋友收到糖糕后,就向新人送礼贺喜了。"我(汤光秋)是20世纪70年代订的婚,家里做了不少糖糕,向女方家送了几十对、百余根(糖糕)。以后不知啥时,不时兴送糖糕担了。"

(金燕芬口述)"我们永嘉现在不做糖糕,乐清市仍十分流行。去年,一乐清朋友送我六对糖糕,说是有人订婚了,糖糕味道不错。糖糕的花色除了你手中的花草式样,还刻些如'百年好合'、'好事成双'之类文字。"

玉山"青吉糕"[4] 江西年糕大多是条状年糕,玉山年糕敲红印,红印有的是简单花纹,有的是文字,如"福"字

---

[1]《中国地方志民俗资料汇编》(华东卷),第720页

[2] 吴杰、吴昊天:《民族特色主食精品制作》,金盾出版社,2008年6月版

[3] 这部分内容根据汤光秋、金燕芬口述整理,口述时间为2010年9月2日,口述地点为温州永嘉县楠溪江景区

[4] 这部分内容根据魏萍口述整理,口述时间为2010年3月6日,口述地点是去宁波体育馆大巴车

祭食年糕纪实

■ 温州糖年糕模板

等。每年正月初一,江西人有吃年糕习俗,尤其是玉山地区,人们常吃青菜年糕汤和白煮年糕。青菜用玉山方言讲发"清(青)洁"音,"洁"的谐音为"吉",吉的转义是"吉利",因而正月初一吃青菜年糕汤,说成"青吉糕",意寓一年大吉大利。而白煮年糕常蘸糖而食,意寓一年甜甜蜜蜜。

湖南粑粑糕[1] 年糕,在湖南资阳称为"年粑粑"。腊月下旬,民间有做年粑粑的习俗。城里人用糯米浆做成长条形的年糕,在市场销售。农村的年粑粑有各种花样,有斗笠形的,也有用木模印成各种花纹的印子粑粑,还有做糍粑的,均是节日食品和过年做人情的时令礼品。丘陵山区做的多为印子粑粑,湖乡大都做糍粑。湖区做糍粑要请人帮忙,有做几斗米或几担米糍粑的,将糍粑切成小方块,用冬水浸在缸里,陆续食用,可存放两三个月。做糍粑,也标志着庆丰收和预兆来年吉祥之意。无论山乡和湖乡,在做年糕那天,不管来了任何人,主家都要请来人吃粑粑,让来客欢心,讨个吉利。如有人上门还钱,预兆人财兴旺,更为吉祥。

[1] 这部分内容摘自 www.admaimai.com/Preview/c430900.htm

慈城年糕的文化记忆

成都礼品糕 旧时,成都的汉族人办年货时也要舂糍粑或做年糕。[1]那时所舂糍粑或所做年糕,除了一部分自食外,主要用来作走亲访友的礼品。

扫墓祭年糕 台湾省祭、食年糕习俗较盛。据介绍:台湾人每年做年糕时,先将糯米、蓬莱米混合洗好,泡三小时,磨成米浆压干,加入砂糖、香蕉油揉匀,蒸熟后,用于祭、食。

在台南地区,称年糕为甜粿、糕粿。腊月,家家户户制糕粿为食,制红龟粿、发粿等祀神,意寓敬奉覆育万物的天公。《台湾通史》卷二十三记载:"元旦……初三日,出郊扫墓,祭以年糕、甜料。"

福州"除夕"宴[2] 在福州南平等地,除夕晚餐,家家户户设宴过年,互说吉祥语。晚餐食猪血、花生,意寓"发财",食猪肝,意寓"欢喜",食年糕,意寓"高升",食猪肚,意寓"银荷包蛋",食灌肠,意寓"串钱索"。

广东开年糕[3] 位于广东省西南部的吴川市,是闻名粤西的古商埠。那儿流传开年风俗。即每年正月初二,吴川人开始走访亲朋好友,出嫁的女儿与丈夫带着孩子回娘家,要做的第一件事是切年糕,俗称"开年",意寓"年年高"。这一天,商家打开门户招徕各方顾客,说是开年啦!

---

[1]林洪德:《老成都食俗画》,四川科技技术出版社,2004年1月版,第13页

[2]《中国地方志民俗资料汇编》(华东卷),第1251页

[3]吴川之窗 www.gg189.cn

年糕艺术价值
NIANGAO YISHU JIAZHI

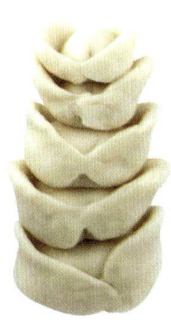
　　年糕模板是年糕文化中最亮丽、最独特的民间美术。模板的制作运用了宁波传统工艺如朱金漆木、木工雕刻诸方面的技艺,将先人所崇尚的"物必饰图,图必有意"和"言必有意,意必吉祥"的美学理念与生活态度淋漓尽致地展现在寸木之间,既是民间智慧通过民间艺术的集中体现,又是慈城年糕的大众性、多样性、专业性等特性的艺术表现。

年糕艺术价值

年糕艺术是指在年糕制作过程或在与年糕成品相关的民间信仰中表现出来的艺术行为,以民间美术艺术为主,如浸米时的剪红纸和印年糕等。民间美术是与民生、民态和民情联系最为密切的艺术种类,它是最基层民众的精神生活的表现。因此,民间美术可以说是与民间信仰联系最为密切、最具有渊源关系的一种艺术形态。民间信仰是人们最基本的文化心理的一种表现。严格地说,中国的民间很少有纯正的宗教信仰,人们在给天地人三界诸神众佛叩头烧香时,是期望能过上好日子。也许正因为如此,民间美术与民间信仰的关系才较为广泛和密切。这种密切关系在我们的衣食住行、婚嫁寿宴和年节时令等方面均可以一一体现。这种密切的关系历史悠久,在古代和当代均可以找到例证,如傅家山文化遗址出土的"鹰头"标式的图腾,如老皇历中"春牛图,当今如慈城城乡居民仍张贴各种装饰画。

■ 慈城傅家山文化遗址出土的"鹰头"标式图腾

如今,每年腊月的文化"三下乡"活动中,最受乡人欢迎的还是送春联。这一切无不展现着民间信仰与民间美术的

■ 1911年历书中的春牛图

■ 民居门面装饰图(2009年4月摄于浦丰村)

慈城年糕的文化记忆

■ 慈城人喜爱春联
（俞荣群摄）

密切关系。

做年糕是岁时年节的一种民间信仰行为之一。除了庆祝丰收外，做年糕还有两个目的：一是祀神辟邪，二是寓意吉祥。因为民间的风俗信仰，"糕"与"高"谐音，古人有"百事皆高"之说，所以过年吃年糕，寓年年高之意。

艺术形态

从慈城年糕制作的流程来看，年糕艺术可归属于民间美术范畴的形态有三大类，即浸米时的剪纸、印糕时的米塑（或塑艺）、敲红印的描"囍"。

剪纸，又叫刻纸，是原始思维意识通过简约的表现手法变成一种可视性、形象性、阶段性、地域性十分强烈的民间艺术形式。[1]剪纸所用的工具是剪刀和刻刀，其作品大多是窗花或剪画。在慈城年糕的制作过程中，在浸米环节所用到的剪纸，一般是取一张红纸，将其剪成圆形或四方形，

[1] 郑军、乌琨：《民间手工艺术》，北京工艺美术出版社，2006年8月版，第34页

年糕艺术价值

考究的则剪一个"囍"字,然后贴在浸米缸的缸盖上,以祀神辟邪,寓意喜庆。

显然做年糕的剪纸要比一般所说的窗花或剪画简单得多,但它也是将人们的原始意识通过一把剪刀来表达一种可视性、形象性、阶段性、地域性的艺术形式,自然属于民间剪纸的范畴。

相对于浸米时的剪纸,做年糕印糕的米塑,则是慈城年糕民间手工艺术的精华部分。从目前的口述记忆来看,至少有两方面的内容,一是印年糕,一是捏年糕。前者是用木模印出来,印出来的年糕其中一面印上表达人们心愿的各种花样图案;后者是做年糕人用手捏出各种造型,如鱼、猪等动物造型,还有元宝之类的吉祥物造型。

捏做吉祥物是慈城年糕制作中必做的一环。年糕作为年节祭祀时所需的物品,不可替代。祭祀中还有不可替代的物品是五牲,五牲的选用虽因各地岁时习俗的不同而不同,而猪首似乎是不可缺少的五牲之一。在一切靠自然生长的年代,猪的养殖周期长,猪肉少价格贵,因而采用米粉做个猪头是民间常用的办法,进而盛行成风,成为一地的民俗,有的地方还将此载入史册:"腊月,以米粉制为豚首、蹄、胳之属。"[1]

若将印年糕、捏年糕归属于米塑,则它与我国民间手工艺术的一个门类——面塑十分相似。面塑,是指面粉加彩后,捏塑成各种形象的民间手工艺。就此而言,做年糕人用手捏出的各种造型不就是"米塑"吗?当然这是广义的米塑。捏年糕的米塑相似面塑,又不同于面塑。不同的是印、捏年糕的米塑——米粉团既不发酵,也不染颜色,是用纯色米粉在案板上借助于剪刀、菜刀、梳子等日用品,捏出各种花样,如做年糕时捏动物年糕图。

由图可见,做年糕人捏出的"米塑"造型夸张、生动,富

[1]《中国地方志民俗资料汇编》(华东卷),第851页

慈城年糕的文化记忆

有鲜明的地方特色,这是米塑与面塑的相同点。前文已记叙了年糕在岁时风俗中所承担的功能,尤其在物资不那么充裕的年代,动物造型的年糕是人们在对天、地、神的祭祀与祈祷活动中神圣的祭品,也是人们借以寄托心愿的情感载体。这也是米塑与面塑的共同点。

面塑,作为中国民间艺术文化不可缺少的一个门类,在历史、考古、民俗、雕塑、美学、神话等领域的研究中都是不可低估的实物资料。米塑的年糕虽然即产即食,但印年糕的模板却成了研究一个地方文化、民俗的实物资料。

敲红印的描"囍",就是在年糕做好以后,在每根年糕中间点上红印。

民间艺术的特色是所展示的艺术与生产、生活紧密相连,而选用材料也是取于生产、生活之中。上述年糕的艺术,无论是剪纸、米塑,还是描红,其选用的材料都是生产和生活中唾手可得的。

敲红印的描"囍",是在做年糕时,人们从筷箕笼拔一两支竹筷,用菜刀在筷尾的四方横截面直割一刀、横割一刀,劈出"田"字来,再截取洗帚的一段竹丝,沿着刀痕直插一段、横插一段,散开的"田"字,印在玉色的年糕条上似一朵十字花,形似一个"囍"字,如年糕描"囍"工具图。笔者在做慈城年糕回访调查中,意外地发现民间有描"囍"的梅花纹章,这比筷子敲"田"字芯更具艺术性。

捏做动物造型的年糕时,除红印泥外,几乎不采用其他颜料,那怎么样才能使捏出的鲤鱼、猪、羊、牛之类的小动物造

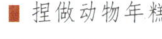
■ 捏做动物年糕

年糕艺术价值

型逼真呢？眼睛是心灵的窗户，捏动物，点睛的眼珠十分重要，也许如此，慈城人在做年糕前，会采集一种叫乌眼睛的野果子，到时用作小动物的眼睛。这种俗称乌眼睛的植物生长在堤坝上或柴草蓬丛中，细叶，春天发芽之后，长得绿叶葱葱，深秋初冬结果。这种果子，颗粒如绿豆那般大，色乌黑，锃亮，极像鱼、羊之类动物的眼睛。不知是谁发现了这种野果子，人们一传十、十传百，纷纷摘取乌眼睛镶嵌在年糕面捏出来的鲤鱼、猪、羊、牛脸部，亮晶晶，与真眼睛没什么两样。只可惜因除草醚等农药的使用，原本常见的这种野生植物现在慈城地区已几近绝迹。

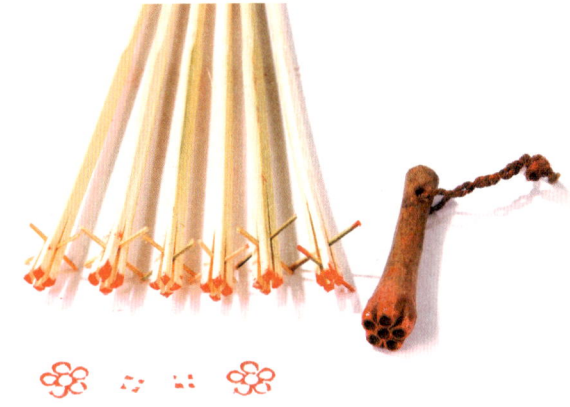

■ 年糕描"囍"工具

年糕模板是慈城每家每户为做年糕而置办的器具，这与其他地方只有地主家才置办模板的情况不同，如根据汤光秋口述：他家所在的山坑乡小溪村有千户人家，置办印糕模板不多，只有五户富裕大户人家有模板。在慈城，年糕模板像家产一样代代相传，如妙山楼家堰的"仁久"年糕模板就是楼家的祖传之物。一般置办年糕模板的数量、选用的木料视各家的经济状况不同而不一样。根据笔者收藏的年糕模板分析，制作年糕板的材质要求不高，但必须符合三个条件：一是不能有大的裂缝；二是不能太会变形；三是无毒，不能有蛀孔或腐朽处。因为在做年糕的过程中人们有一份对自然、对先祖的敬畏，年糕模板本身带有一种神圣性，所以用来做年糕模板的木材绝不会是陈旧木材的再利用。从现存的年糕模板来看，旧时，慈城的木匠师傅为年糕模板选择的木料大多是纹路较为致密、木质毛孔细小的类型。为了便于雕刻，同时又希望经久耐用，人们在选取年

慈城年糕的文化记忆

糕模板的木料时又考虑了木质的坚韧度,以及取材的方便和价值。价廉物美是人们置办年糕模板的标准,也是人们的一种生活态度。

据光绪《慈溪县志》记载,慈城地区的材用树种有49种[1]。据民国《慈溪县新志稿》记载,慈城地区的林木树种有45种,表明器具用材的树木有杉、杨、梓、槐、栗、槠、柘、榆、枫、沙朴、檀以及梧桐、银杏树等,这些做器具的树木有的易裂,有的会变形,还有些有毒,均不能成为做年糕模板的原料,余下能做年糕模板的是杨、梓、槠、榆、枫等树木。

从目前笔者收藏的年糕模板材质分析,人们用于制作年糕模板的材料大多是木荷、槠木和枫杨等,详见附录二《笔者收藏的年糕模板汇编》和附录三《本田野调查的有关年糕模板简编》。笔者收藏的"年龄"最大的年糕模板采用的材料是木荷。木荷,属乔木,为亚热带树种,喜气候温暖湿润、土壤肥沃、排水良好之酸性土地。木荷是江南速生树木,其木质坚硬致密,可作家具、枕木、纱锭等用材。因其木料来源广,不会变形,浙东地区的民间还常取其材作棕棚床的架子。慈城人也普遍选用木荷做家具或棕棚架子,目前仍有不少人家还在使用木荷家具。此外,木荷的木纹若有似无,差不多与黄杨木的木纹相似,如不惦重量,两者很难区分。也许如此,笔者所见的一百五十副(块)年糕模中,至少有三分之一以木荷为原料。

此外,做年糕模板的原料还有一种俗称溪坑树的木材。溪坑树,顾名思义是一种生长在溪边河旁的乡土树,学名谓枫杨,属胡桃科,落叶乔木,生长习性喜光,不耐干旱

■ 用溪坑树做的年糕模板(纪平收藏)

[1]《慈溪县志》,卷五十四

年糕艺术价值

■ 如意年糕模板

瘠薄,木材色白质软,可制箱板、家具、火柴杆等。但枫杨树材质易蛀,笔者收藏的年糕模板中遭严重虫蛀的便是枫杨树木质。

慈城的乡村还长有一种其果实能做豆腐的树,民间俗称"苦槠豆腐"。苦槠树就是上述的槠树,其木质致密坚韧,富有弹性,而且取材方便,自然可制作年糕模板。实物也证实了槠木是除木荷之外的制作年糕模板的第二大原料。

如意年糕模板选用的原料是梓木。《慈溪县志》记载慈城地区栽有梓树,但由于梓树不属于乡土树种,在江南较为罕见。慈城人却选用稀有的梓木来制作象征科举文化的如意糕板,这可见科举在小城人心目中的位置。梓木纹路细密,毛孔细小,材质轻软耐朽,适宜雕刻,古代人就有选梓木雕刻印书的木版,现在的出版术语中有付梓一说,就缘于古代的梓木版。选用古人雕刻印书木版的同一种木料制作象征科举兴旺的如意糕板和定糕板,其含义更深更大

慈城年糕的文化记忆

■ 解读年糕模板

了。慈城素有"进士盈城"之称,悠久的科举历史沉淀了丰富多彩的科举文化,而每年做年糕时,慈城人还要做一些如意年糕、定糕年糕,这是慈城的风俗,也寄托了慈城人祈盼"科举如意"和"必定中举"的愿望,梓木制作的如意糕板不就更是科举文化的象征吗?一块小小年糕模板如此记录了科举文化对慈城人的心灵影响,这是年糕模板所独具的历史价值的一个方面。

木荷、枫杨、楮树都是典型的乡土树,当年慈城人选用十分普通的乡土木材制作年糕模板也是就地取材。就地取材,化平常为神奇,既是民间美术的特色,又是民间美术的个性,上述慈城年糕的艺术形态及就地取材不就证明了民间美术的特色与个性吗?

年糕艺术价值

艺术特色

年糕模板是年糕文化中最亮丽、最独特的民间美术。模板的制作运用了宁波传统工艺如朱金漆木、木工雕刻诸方面的技艺,将先人所崇尚的"物必饰图,图必有意"和"言必有意,意必吉祥"的美学理念与生活态度淋漓尽致地展现在寸木之间,既是民间智慧通过民间艺术的集中体现,又是慈城年糕的大众性、多样性、专业性等特性的艺术表现。

7000年前,河姆渡出土的带榫卯的干栏式木结构建筑是人类文明的初露曙光,也是开始木制工艺先河的见证。20世纪中后期,在慈城地区陆续发现的慈湖、八字桥、傅家山等遗址中出土的木耜、木锛柄、木桨等农具,证实了早在远古时期慈城先民就有了成熟的木匠技艺。明朝初年的宁波府,对手工业艺人实行匠户制。明末清初,宁式木器家具做工精巧,驰誉海内外。[1]清代废止了匠户制,手工艺匠人可以自由地带徒弟和经商,此时的慈溪工匠黄炳荣在宁波开佛雕店[2],带徒弟,也经商。同期,宁波木匠、漆匠远行日本传艺[3]……

从现存的年糕模板分析,清中晚期置办的年糕模板的雕刻技艺最精湛,同期制作的年糕模板大多涂上了漆膜,对模板予以保护,有的是色漆,有的是清漆,还有朱金漆。比较而言,清朝的年糕模板中,年代越早,其雕刻技艺越差;而进入民国以后,其雕刻技艺也渐显粗糙,此情形正好说明年糕模板虽是木器制品中的"小儿科",但它的制作、雕刻水平仍受着宁波木制、木雕技艺的影响。

年糕模板的制作工艺分豪华、简易两类。豪华模板大多系大户人家置办。这些年糕模板从选用的木料、雕刻的技艺、木工的手艺等角度来说全是上等的,最后还要涂膜

---

[1]《宁波市志》,第1093页

[2]杨古城、陆顺法、陈盖洪:《宁波朱金漆木雕》,浙江摄影出版社,2008年5月版,第20页

[3]《鄞县通志》第2633页

慈城年糕的文化记忆

■ 运用朱金漆木雕工艺制作的年糕模板

加以保护,具备了宁波朱金漆木雕所包含的四要素中的三要素——"木工之巧,雕匠之妙,漆工之艺"。[1]运用朱漆木雕工艺制作的年糕模板置于1907年,一百多年后,这套糕板除了棱角的红漆有磨损外,其余完好如初。从糕板上书写的数字来看,这套年糕模板应有十副,但现存只有五副。这套年糕模板制作工艺之精美,雕刻之巧妙,意寓之深刻,不是春作木匠所能做出的。咸丰十一年(1861年),孙余生,也叫裕生老板的雕刻家在江北岸(今江北区中马路166号)后街开了一家雕花店(俗称木雕作坊),雇了不少雕刻家承接各种木雕生意。[2]笔者认为,比较豪华或豪华型的年糕模板是大户人家请上述这样专门的木雕作坊师傅雕刻而成的。

相对而言,一般家庭的年糕模板不如上述年糕模板这样精雕细作了,如普通人家置办的年糕模板图无论是木工手艺,还是雕刻技艺都显得一般。这种木工粗糙、雕刻简易的年糕模板大多是春作木匠制作。现在仍有不少慈城老人

[1]《宁波朱金漆木雕》,第118页

[2]《宁波朱金漆木雕》,第21页

年糕艺术价值

对行走乡间村口的春作木匠记忆犹新。据王永发回忆：他所在的妙山西桥头曾有个挑货兼刻年糕模板的老头，因肚饱带饭，晴天带伞，常讶"脚骨手骨是亲人，铜钿银子难卖命"的口头禅，大家叫其"神仙人"。这神仙人穿村走户，除了卖货郎担里的日用品，还会替人刻年糕模板。

■ 普通人家置办的年糕模板

替人家刻年糕模板

☐述者：徐德财　65岁　妙山砂轮厂厂长

☐述时间：2010年8月

☐述地点：慈城妙山村村委会办公室

王永发所说的神仙人就是我的父亲。家父属蛇，在世的话，今年有106岁。他14岁那年离开家去上海药店学生意。父亲没上过学，不识字。到了上海后因药店要替顾客寄药包，依样画葫芦而学会写字。学生意，认得字，又学会雕刻等手艺，还会讲故事、拉二胡，好像百内行。也许如此，邻居叫其神仙人……1931年，"九一八"事变后，父亲回到老家。本来慈城是人多田少，父亲从小出门学生意，不会种田，只能挑货担，沿村卖日用品、针线赚钱养家……因会刻图司[1]，就顺带为乡亲刻刻图司、烟斗等小物件。不知谁第一次叫父亲雕刻年糕模板之后，人们晓得父亲还会雕刻年

[1]图司：方言，亦称图章，即印章

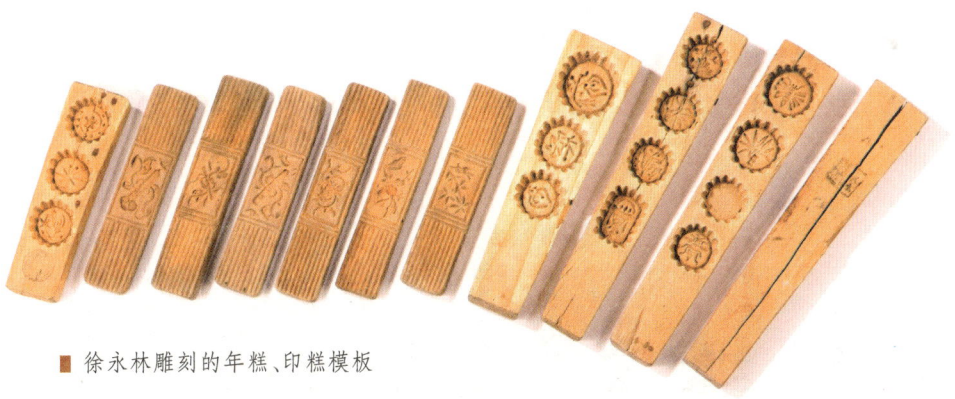

■ 徐永林雕刻的年糕、印糕模板

慈城年糕的文化记忆

糕模板,就让父亲雕刻,父亲也乐意做,说是帮帮忙。这些年糕模板就是父亲雕刻的,凡是父亲雕刻的模板,都在背面盖上图司印。从小我就见邻居到我家叫父亲刻年糕模板,他们有的自带木料,有的由父亲备料。父亲备的木料多为溪坑树,阿拉还叫苏朴树,这木料不太好,易遭虫蛀。

我看了父亲雕刻年糕模板,没学他的技术,但用父亲的雕刻刀我学会了刻图司。1958年,我刻的图司用于人民公社食堂饭票盖章,想不到没几天,食堂的饭票多出来,我听说了此事,再也不敢捉刀刻图司。这不四十多年过去了,再也拿不起刀,更别说刻年糕模板。

你问谁还刻年糕模板?楼会计。这方圆几十里,像父亲样样会刻的人倒也找不出。不过,在机器做年糕后,这年糕模板已派不上用场,家父雕刻的模板差一点被我老婆当柴烧掉了。

正如徐德财所说的那样,一般农民家的年糕模板雕刻得十分随意,且由春作木匠制作,类似徐永林那样见过世面,人也聪明,能说会道的人。乡人请其雕刻模板时,他们经常边做生活,边神气活现说一些模板花纹的故事,八仙过海、财神老爷之类的自然颇受四周乡邻欢迎。

年糕模板的雕刻,运用的是阴雕浅法技艺,经构图设计、打样画样、分层细刻、修正精雕等步骤,才能在两指多宽的木条上容纳意寓深刻的图案,从而使得小小年糕模板既具实用性,又具艺术性。上述豪华与简易的年糕模板,除

■ 雕刻年糕模板的工具

年糕艺术价值

■ 孙孟房年糕模板

了工匠的手艺有区别外,还有雕刻工具上的区别,"工欲善其事,必先利其器"说的是工具的重要性,作坊的雕刻师傅用的雕刻刀具齐全,有平口、圆口、角口、尖口等,圆口刀具又有斜角不同之分,十分专业。春作木匠雕刻年糕模板的技艺可能稍显差一些,制作的模板虽也粗糙些,但至少有上述平刀与角刀等刀具。春作木匠与货郎担师傅一样,行走在广阔的田野,他们的技艺熟能生巧,他们最大的优势是明白大家的需求,能把民间的愿望和审美情趣通过一把刀展现在小木条上,他们其实是专业的乡土雕刻家。

由此可见,年糕模板是慈城年糕的专业性的最后体现,也是慈城年糕不同于其他各地年糕的特色之一。宁波年糕之所以闻名遐迩,这与年糕具有印花工序分不开,而印花年糕的工具——年糕模板中的民间美术又具有浓郁的地域特色,包括制作工艺和花样主题。

大多数情形下,无论是置办座印模板,还是揿印模板,各家置办的数量以二、四、六、八、十等二的倍数成套,这符

合"好事成双"的大众心愿。如孙孟房年糕模板为八块成一套。至于置办哪种年糕模板、数量多少,除了依据每家的财力外,还与每个家族的过年习惯、主人的生活态度有关。

比较现存的年糕模板发现,座印板和揿印板不仅其木工、雕刻技艺不同,而且年糕模板所表达的主题也有所差异,如表6所示。

表6:座印与揿印年糕模板主题的对照表

序	座印模板			揿印模板		
	字号	图案主题	图案尺寸(厘米)	字号	图案主题	图案尺寸(厘米)
1	林永X	福寿双全	19.3×5.5	舒氏	状元及第	8×3.8
2	张XX	围棋、立轴中国画等	7×3.2	林隆房(中)	旗开得胜	8.5×3.8
3	XX房	春兰秋桂和兰桂齐芳	14×3.3	周福大	菊花、桂花和月季	9.5×3.5
4	方裕兴	天仙祝寿、纳祥祝寿、多子多福、科举如意、五福祝寿。	15×3.5	XXX	四季花卉	8.5×3.5 7×3.5
5	李协大号(1)	平升三级、红顶花翎、和合而喜等	14.5×3.2	孙孟房	春兰秋菊	7.5×3.5
6	弓吉	瓜迭绵绵、年年贺喜	7.3×3	邵子房	荣华富贵,本固枝荣	11×3.8
7	李协大号(2)	和合而喜等	14×3.2	无字号	琴棋书香	9×3.5
8	无字号	八仙送福	7.5×3.3	无字号(A)	杂宝中的磬和菱镜	6×3.5
9	无字号	吉庆有余	15×5	无字号(B)	杂宝中的书卷	7.5×4
10	盛祥寿	仙鹤延年	14×3.8	任顺兴	寿献兰孙	8.5×3.8

年糕艺术价值

表6左边的座印模板主题图案尺寸超过10厘米,接近15厘米的有七副套,而右边揿印模板主题图案尺寸超过10厘米的只有一块套,接近10厘米的也只有两块套。由于雕板尺寸狭小,很难容纳意寓丰富的图案。而图案简单扼要,其主题自然简单。也许正因为如此,座印板的主题图案相对接近中国传统吉祥图案的绘制规律,而揿印板的主题图案几乎"绘"无章法,这是年糕模板所呈现的民间美术的乡土性。

年糕模板的乡土性还可以从另一些模板图案主题中看出来。如"一定发财"年糕模板图,在7.3cm×3cm表面上,两端各雕刻了一只元宝状的花样,中间是杂宝中的"锭的花纹,取锭的谐音,取元宝和卷草纹的象征意义,这幅图案的主题为"一定发财"或"财源滚滚"。一定发财、财源滚滚,一板二题,直截了当地刻画了人们的求财心理。这块年糕模板应是春作木匠,或货郎担师傅的作品。

■ "一定发财"年糕模板

春作木匠行走于广袤的田野,眼见大地上的各种植物,口说从戏台看来或听来的故事,制作的年糕模板花样自然与此有关。据笔者收藏的揿印年糕模板统计,77块年糕模板中,以纯植物花样为主题花样的有37块,植物花样与人物或其他花样组合的主题花样有5种,两者占了近73%,其余的差不多是暗八仙的花样。这充分说明了年糕模板的乡土性,而年糕模板的乡土性佐证了慈城年糕所具的大众性。

年糕模板的乡土性,还可以"补丁"年糕模板为证。年糕模板是木制品,木制品属于易损品,被摔了,被鼠咬了,还有自然开裂了等等,怎么办呢?节俭的慈城人就用铁片、

慈城年糕的文化记忆

铁丝之类的金属来维修,如打补丁的年糕模板图。在农耕时代,物资不那么丰富的情况下,修修补补是民间普遍的现象,而年糕模板的修补倒是头一次见,从打补丁的年糕模板中似乎又闻到了朴素的乡土气息。

■ 打补丁的年糕模板

旧时,家家户户做年糕,几乎每户人家都要置办一些年糕模板。如今,年糕模板成了慈城年糕呈现的大众性的实物佐证。

如果将笔者收藏的年糕模板归类分析,年糕模板的花样分几何图形、动物、人物、植物果实和吉祥物语等五类。

几何花样 与建筑、家具等传统物饰图纹一样,年糕模板上的几何图不外乎回纹、水纹、直条纹、斜线纹、圈纹等,如年糕模板中的直线花样图,从图左向右,分别是直线与斜纹、直线与回纹、直线与斜纹的组合。

■ 年糕模板的直线花样

动物花样 动物类的有蝙蝠、蝴蝶、龙、凤、鱼等,如下图左为蝴蝶,右为蝙蝠。采用动物花样的年糕模板,其主题不外乎"吉庆有余"、"松鹤延年"、"龙凤呈祥"、"五蝠捧寿"等。

■ 年糕模板的动物花样

年糕艺术价值

■ 刻有戏曲人物的年糕模板

■ 和合而喜的年糕模板

人物花样　人物类的花样多源自神话传说和民俗风情,如和圣而喜的年糕模板图。年糕模板因表面狭窄,直接雕刻人物花样的年糕模板也不多,即使有人物造型,也不如金团模板上的人物栩栩如生。这类年糕模板大多采用代指艺术手法,比如大量采用八仙人物所带的器物来意寓美好愿望,如"八仙送福"、"和合而喜"等,但也有直接采用戏曲故事图案,来雕刻模板的,如刻有戏曲人物的年糕模板。

植物花样　植物类不外乎梅、兰、竹、菊等四季花卉,如沈隆房置的年糕模板图示雕刻了梅、兰、菊、月季(牡丹)、桂花等植物,其意寓丰富;植物果实多为取意吉祥之

■ 植物花样的年糕模板

慈城年糕的文化记忆

物,比如石榴、南瓜等。

吉祥物语　　吉祥物语分两种,一是实物图案,如暗八宝,八宝等、一是如直接雕刻文字的年糕模板图。

上述五类花样在年糕模板上分三种雕刻模式,第一种整幅画面表现一个主题;第二种是几何形与动物或人物或植物等主题花样的组合,在几何花样与主题花样间用另一种几何或简单植物等花样过渡,大多为中间是动物或人物或植物的主题花样,上下两头配饰几何花样,如直线纹、元宝与植物组合的年糕模板;第三种是主题花样与副主题花样的组合,之间用几何花样过渡,如"天地元黄"模板。可能因年糕模板呈长条形的缘故,雕刻模式以第二、三种为多,但无论采用哪种模式,千姿百态的年糕模板包含着人们祈求保佑、丰收、吉祥之愿望。譬如"蝠"与"福"同音,求福是人们一生的愿望,各种"福"演变了"蝠"的各种造型,这便是年糕模板的奇妙,也是年糕模板表现慈城年糕多样性的巧妙所在。

笔者还收藏了以"瓜迭绵绵"、"红顶花翎"、"连升三级"等为主题的年糕模板,这些年糕模板不仅展现了人们的美好心愿、生活情趣,还展现民间艺人高超的雕刻技艺和艺

■ 直接雕刻文字年糕模板

■ 直线纹、元宝与植物组合的年糕模板

年糕艺术价值

术想象力。可以想象,各式各样的年糕模板印制了多少花色品种的慈城年糕,这些现存的年糕模板以实物的形态展示了慈城年糕模板的多样性。

年糕模板的大小没有统一规格。从收藏的年糕模板看,最大的林永X模板,其尺寸为29厘米×8.5厘米,最小的模板其尺寸为9厘米×2.7厘米。小模板没有一字标记,是2010年春天才收来,与"天地元黄"模板是同一人出卖,据此推测这副小模板的置办年代应在清末。在慈城作年糕的田野调查时,冯一敏谈到,旧时的慈城大户人家有专为小孩印年糕而刻制的小年糕模板。真不知这副小模板是否亦是如此?同年仲夏,笔者在宁波范宅古玩市场又收到两副小年糕模板,如小年糕模板图,中间一副为朱红漆模板。据卖主称是过去大户人家小姐的年糕模板,是十里红妆的陪嫁品之一。我反复观察,希望从中发现一点信息,但除了侧面雕刻的"一"几乎没有什么。翻阅有关资料,没有找到浙东民俗中有陪嫁年糕模板的记载。目前年糕模板不如其他古董一有市场,二有价值。联想到如今市场上出售的火锅小年糕。吃火锅可是饮食传统,那是否曾经也用这种模板制作小年糕,用于吃暖锅年糕呢?当然,这一点没有明确的史料记载。但小模板的发现,丰富了年糕模板规格的多样性。而且其中

■ "大与小"年糕模板

■ 小年糕模板

慈城年糕的文化记忆

的朱红漆是清末的工艺,据此推断是小姐年糕模板的可能性大些。旧时,宠养千金小姐还是有文化渊源的,再说笔者还收藏到三副小姐印糕模板。

除上述特殊尺寸,年糕模板的规格一般有两种,即座印模板的外形尺寸在 20cm×5cm 左右,揿印模板外形尺寸在 18cm×3.5cm 左右。做年糕的田野调查时,笔者在宁波(慈城)妙山良种场发现特别长的揿印模板,比上述常规模板长十多厘米,见特长年糕模板图。初见这种年糕模板时,还以为是慈城年糕的又一种规格,后经进一步了解才知,这种年糕模板是一些大户人家特制的。原因是年糕料粉热烫,年糕模板太短既烫手,又要糟蹋米粉,而且印年糕这活多由孩子来做,小孩细皮嫩肉,更容易烫伤,因而制作的特长糕板中长出的两端是用来手握的。看着这种特殊的年糕模板,让人看到一种人文关怀。由此,再看小年糕模板是小姐糕板之说,有其合理性、可能性。

综上所述,年糕模板雕刻技艺的专业性、乡土性,雕刻花样的多样性、地域性,制作规格的多种性,都以实物佐证了慈城年糕的大众性、多样性、专业性。

■ 比一般模板长出十多厘米的特长年糕模板(胡金芳收藏)

年糕艺术价值

艺术价值

民间美术深深扎根于鲜活的生产、生活之中,与民俗风情紧密相连,并反映、记录人类活动的原生态。因而千姿百态的民俗造就了民间美术的饱满与多样。美术是诉之于形象和造型的艺术。年糕模板的民间美术就是通过形象和造型,采用象征、寓意、谐音、比拟和表号等艺术手法反映人们的民间信仰,反映与年糕有关的民俗风情,可谓是寸木之上展示大千世界,这便是年糕模板的艺术魅力。

目前,保留于慈城民间的年糕模板以植物类和暗八仙花样居多,如纪平收藏的10副年糕模板,有7副是这两种花样的模板;楼增良祖传的7块年糕模板,除一块是如意图案外,其余是梅兰竹菊和简单的暗八仙组合;笔者收藏的年糕模板也是以植物为主题的居多。有意思的是同一种花草,却雕刻得各不相同,如同题桂花的不同花样图,应该说年糕模板并非一人所刻,可见桂花之美在春作木匠或货郎担师傅眼里各不相同,眼见之美不同,雕刻的作品自然有所差异。

即使人们常见的植物一旦被雕刻在年糕模板上,其意

■ 同题桂花不同花样的年糕模板

慈城年糕的文化记忆

■ 同题梅花不同花样的年糕模板

■ "寿献兰孙"年糕模板

寓又不是平常的花朵，如前述的光绪辛丑年年糕模板，在14cm×3.3cm的木板上刻了圆弧状的兰花叶，周围是几朵桂花，初看花样，直读这块模板的主题为"春兰秋桂"。但《晋书》和《五代史》中记："谢玄以芝兰喻子，侄窦禹均五子号五桂，故称子孙为兰桂。"[1]这么比对，这块年糕模板的主题提升为"兰桂齐芳"。兰桂齐芳意寓子孙成才出众。简洁的一幅兰花却蕴藏了多层次的含义。同样的还有方裕兴年糕模板，其中一块解释为"居有仙竹"。这块模板由竹舍、仙人、仙鹤组合的花样，竹的谐音"祝"，仙鹤在民间意寓长寿，仙人不是从天上来吗？于是这块年糕模板的另一解释是"天仙祝寿"。由此可见，<u>一板多义，一题多释</u>，是年糕模板的艺术特色之一。

前述，制作年糕模板的原料以乡土树木荷、槠树、枫杨为主，大多由春作木匠制作。年糕模板的花样又取材于耳闻目睹的物与事。慈城多山，多兰花，如"寿献兰孙"年糕板中雕刻的是一幅兰花图。细看这幅图案会发现，这些兰叶比较宽，《花镜》有记："兰又一种，其叶较兰稍阔而柔，花开紫白者名荪。"[2]"荪"与"孙"，音同，图案左边的一朵花也像兰花，兰又叫祖香，和荪组合，谐音借义，意寓祖孙，因而

[1] 月生、王仲涛：《中国祥瑞象征图说》，人民美术出版社，2005年10月，第354页

[2]《中国祥瑞象征图说》，第358页

年糕艺术价值

这块年糕板的主题为"寿献兰孙"。

■ 背面书有不同记号的年糕模板

旧俗,江南民间有点禁忌梅花,这是因为梅花开在寒冬腊月,花开时节又没绿叶扶助,太清苦。而在慈城,似乎没有这种忌讳,这是视梅花为"岁寒三友"的原因,还因为城外的云湖山区有大片的梅花,浙东的文人墨客常来雅聚,此处于是成了赏梅胜地。常见梅花朵朵开,年糕模板自然也多刻梅花图了,如同梅花不同花样的年糕模板图。不同的植物花样既展现乡土性,又展现地域性,这是年糕模板的又一艺术特色。

人们在置办年糕模板时,大多在模板的背面标上置办的年代和置办人姓氏。同一种多副的坐印板因上下两层的配对,为防止弄错,尤其是同时制作的年糕模板,一般在糕板的侧面再标记号。记号分雕刻和书写两种。

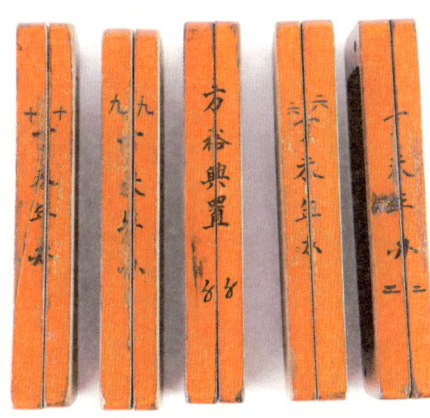

■ 雕刻序号和书有家族名称的年糕模板

165

慈城年糕的文化记忆

作记号的初衷是便于识别、保存。前述农村的年糕制作是乡亲相约合作制作的。这样,一家一户的年糕模板通常要互借,或者随主人而流动。而一个村的年糕模板往往由同一人制作、雕刻,这样十几户或几十户的乡亲所置的年糕模板是差不多的花样,差不多的木材,标了记号就可防止各家年糕模板的混淆、丢失。如今,当年作记号的年糕模板成为了解年糕民俗的实物"史料",尤其是书有年代的年糕模板显得更加珍贵。而年糕模板上的那些简单文字,有的书写得很有章法,有的则比较随意,这或多或少说明了年糕模板的主人的学识与处事态度。旧时,有"田家有子皆读书"之说,慈城人更崇尚诗书传家的传统,从笔者收藏的年糕模板来看,书写的文字大都工整,这是最鲜明的地域特色。书有家族名的红色年糕模板是方裕兴所置,其模板花样如下图。在五个细长的平面内,自左而右的第一块的花样两端是直线纹、回纹,中间为竹舍,内有仙人怀抱仙

■ 方裕兴所置年糕模板的不同主题

年糕艺术价值

鹤,直意竹舍添寿,转意又可释为延年益寿;第二块的两头为祥云,中间两边有竹,内有葫芦和仙人,直意纳(接)祥祝(竹)寿,转意群仙祝寿;第三块的两端是蝙蝠,中间有灵芝、仙桃和卷草纹,直意是福捧寿仙,转意福寿双全;第四块的两端是如意,中间是丝线缠绵的书卷,直意书香如意,转意科举如意;第五块的图样是大小不等的蝙蝠,中间盘长似的框内有个"寿"字,直意四福捧寿,转意福寿绵长。这些年糕模板的主题表达了模板原主人美好的人生目标和儒雅的艺术情趣。从中不仅能看到置办人的儒雅之风,还能领略家族之气势。就此而言,年糕模板从一个侧面也展现了浓郁的地域文化。年糕模板最鲜明的价值是展示了一方独特的人文,即浓郁的乡土气息、儒雅的书卷香味。

下图是"天地元黄"年糕模板的不同主题,其图案是主题花样与副主题花样的组合,之间用回纹过渡。自左而右分别是:"天"字模板,上下两幅刻有鱼纹和祥云,中间是个状元,意寓状元及第或独占鳌头;"地"字模板,上下两幅刻有石榴、桂花等植物,中间刻有蝙蝠和祥云,意寓福增贵子;"元"字模板,上下两幅是寿桃、桂花等植物,中间刻有灵芝,意寓长寿如意;"黄"字模板,上下两幅刻有橘子、桂花等植物,中间刻有合圣手持物的盒,意寓和合吉祥。这种组合构图样式用于雕刻年糕模板不多,用于雕刻其他民间器物也不常见。

中国的民间美术中有建筑物、家

■ "天地元黄"年糕模板的不同主题

慈城年糕的文化记忆

■ 用卷草象征"绵绵不尽"的年糕模板（局部）

具、器具上的雕刻、绘画等，大多以整幅画面表达一个主题，年糕模板也多有用整幅花样表达一个主题的，像这样主花样与副花样相互补充构成完整主题的比较少见，从笔者收藏的150多副（块）的年糕模板中，除去3副小模板、5副特殊样式模板，只有9副（块）为这种构图，其余则是主题花样与装饰花样的组合构图，这种雕刻艺术手法也展现了年糕模板的乡土性。

年糕模板雕刻运用了丰富的艺术手法，比如象征、寓意、谐音、表号、夸张等。通过这些手法的运用，人们表达"求福"、"纳吉"、"祈寿"的心愿，从而营造年节的喜庆气氛。

象征手法 即取生活和自然中事物的形象、色彩和个性，来象征性地表现一定的信仰含义，如年糕模板中雕刻的石榴、葫芦枝蔓上所结的果实之类的图饰，表示主题为子孙万代，取的是石榴和葫芦多籽的意思，用来象征家族的人丁兴旺。还有雕刻在年糕模板上的那些回草纹的图饰也有这方面的象征意义，蔓草的外形由卷而伸，连续不断，象征"长久不尽"之意。

寓意手法 这是年糕模板雕刻中经常运用的艺术手法，即借物托意，如松树终年常青，鹤的寿命很长，就用松、鹤来寓意长寿。左图为"仙鹤延年"年糕模板，模板上雕刻的花样有灵芝、鹤、桃花和桂花。

年糕模板的花样还采用了龙凤的造型。自古有"云从龙，风从虎"之说，意寓龙是兴云布

■ "仙鹤延年"年糕模板

年糕艺术价值

■ 以凤为花样的年糕模板

■ 以团龙为花样的年糕模板

雨、控制人间雨水的神物。凤是凤凰的简称,在远古时代视作为神鸟而被崇拜。龙的形象,明朝谢肇淛的《五杂俎》记作"角似鹿,头似驼,眼似兔,项似蛇,腹似蜃,鳞似鱼,爪似鹰,掌似虎,耳似牛"的图腾;而凤居百鸟之首,形象是头如锦鸡、身如鸳鸯,有大鹏的翅膀、仙鹤的腿、鹦鹉的嘴、孔雀的尾。年糕模板取非凡的龙凤花样来表达民间祈福纳吉的心愿,"龙神能兴云雨利万物,能幽能明,能细能短,变幻无穷"[1]。凤是能给人间带来和平、幸福的瑞鸟,这一类年糕模板乃是民间望子成龙、龙凤呈祥的情感寄托。

谐音手法 谐音的手法是民间的智慧结晶,是民间

[1]张觉民、仲美文:《民间糕模》,中国轻工业出版社,2009年9月版,第27页

喜闻乐见的一种艺术表现手段。谐音,即借字的同音或近音以表示一定的含义,这是民间美术活动中用得最多的一种艺术表现手法,常用于建筑上的石雕、砖雕和木雕中,如"喜上梅梢","梅"与"眉"同音,表示"喜上眉梢";前述的"和合齐喜"年糕模板图,"和合"原是古代传说中的两个仙名,即手持荷花的"和圣"与手捧圆盒的"合圣",在我国传统习俗上,和、合二仙象征和美与快乐,这块年糕模板上雕刻了和圣与合圣,其上方还雕刻了二仙手持物——荷花和圆盒,意取和合而仙。因"仙"与"喜"谐音,又表示"和合而喜",意寓"和合如意"。因为年糕模板的表面狭窄,为了表达上述"和合"主题,有些模板上只刻荷花和圆盒,这种花样也是借"仙"的谐音表示"喜"。

年糕模板的花样运用谐音手法时,有些谐音需转一层理解,上述的桂花图年糕模板,桂花在科举文化中有"折桂"寓意,这里"桂"的谐音转为"榜上有名",这是人们对求功名的祈盼。年糕模板上刻了一只花瓶,瓶口插了三支戟,其中左右两边的两支戟短些,中间的一支戟穿过人字形的

■ 同是"平升三级"主题的不同花样的年糕模板

年糕艺术价值

磬而撞板顶。戟是古代的兵器，磬是古乐器的一种。这类年糕模板的图案借"瓶"与"平"，"戟"与"级"的谐音，意为"瓶（平）升三戟（级）"，继而转入深一层的解释即是糕板的主题——连升三级，以表达官运亨通、连升三级的吉祥美好。上述的"和合而喜"进而表达也有"和合如意"之意，这也是谐音手法的转达。

表号手法 年糕模板的花样中，蝙蝠的图案数量多，样式各异，这是民间约定俗成的象征图案和纹饰，表示福气，这种约定俗成的符号系统是民间美术的表号手法。除了蝙蝠表示福气外，还有鸟表示日，兔表示月等，但这两种表号笔者没有在年糕模板的花样中找到。

夸张手法 年糕模板雕刻以写实为主，但笔者收藏的一副年糕模板构图"奇异"，见"必定如意"年糕模板图。图中以两个如意为母本，以一支毛笔相连，中间为横的"福到眼前"的锭花样，意寓必定如意，从构图看像一个直立的娃娃，这副年糕模板用十分夸张的艺术手法表达人们祈求万事如意的心愿。比较其他如意年糕模板，这幅模板构图无论是画面的冲击力，还是其表达的主题，都要强烈得多，这便是夸张手法运用于年糕模板的一种技巧。

纵观现存的年糕模板，其花样的内容题材可归纳为求福、纳吉、祈寿和喜庆四种类型，各种类型所运

■ "福到眼前"年糕模板

■ "必定如意"年糕模板

慈城年糕的文化记忆

用的艺术手法并不单一,而是多种手法的综合运用。

求福是人们对生活的一种共同追求心理表现。在表达求福的心愿时,大多采用谐音和象征等手法来表现。见"福到眼前"年糕模板图,这块模板两头刻有蝙蝠,中间刻有一枚古钱,这样组成的花样主题为"福在眼前"。

纳吉主要是单独运用龙、凤、麒麟等人们想象中的瑞禽仁兽或这些物象的组合,形成传统的吉祥图案,如下图中的年糕模板,其共同的主题便是"龙凤呈祥"。

■ 龙凤呈祥主题的年糕模板

祈寿是人们希望延年益寿的心理追求。年糕模板中大多以民间传说中长寿的人、禽、物为形象,或者直接用"寿"字来表现祈寿主题,如"福"、"寿"文字模板图。万古长青的松柏、能享天年的仙鹤、俗称食之可长命图百岁的仙草——灵芝、长生不老之物仙桃、俗称"长生果"的落花生,均能寄寓长寿之意。民间相信八仙是已经得道的仙人,因而八仙和他们所持的器物(俗称暗八仙),也能寄寓长寿。表达此主题的年糕模板中,采用暗八仙图饰的居多。月季花在民间俗称长春花,年糕模板雕刻中也大量采用此图案来表达长寿之意。

年糕艺术价值

吉庆是人们美好、愉悦和幸福心情的外露。以喜冲煞，这是为了祈吉，此类主题的年糕模板花样除了采用寓意、谐音和象征等手法外，还有各种不同喜字的组合，如三个叠起的元宝，意寓连中三元或三元及第。

从民俗学的角度，上述诸多吉祥主题的不同花样统称"一句吉语一图案"，即以一种母题为主的组合，如"本固枝寿"年糕模板图，是一幅以莲花为母题的花样，根植于藕茎的荷叶展枝，荷花盛开，表示根底坚实，枝荣花繁，这种象征艺术手法比单一象征手法更有艺术想象力和视觉冲击力，而且象征意义无论对个体，还是对家庭都是受欢迎的。

参照传统民间美术中的吉祥花样，除莲花外，母题还有龙凤、蝙蝠、鱼、八仙、如意、喜鹊、福禄寿、梅、兰、月季等。这些吉祥花样不少都可以在年糕模板中找到。如左图，自上而下的图案分别是蝙蝠、磬、两条鱼、两拂尘，磬是我国古代宫廷中的打击乐器，"鱼"谐音"余"，双鱼意有多鱼，这

■ "福""寿"年糕模板（局部）

■ "本固枝荣"年糕模板（局部）

■ "吉庆有鱼"年糕模板

173

块年糕模板的主题是"吉庆有余",表示喜事、好事绵绵不断,绰绰有余。这样的母题的运用达到了很好的艺术效果,显现了民间美术的丰富性和多样性的同时,也在有限表面上实现了内容与形式的完美结合。

综上所述,年糕模板通过一定的艺术手法承载了民众的美好情感,表达的是民众的良好祝愿,刻画了丰富多彩的民间表情。

如果用历史的眼光来分析收藏的年糕模板,发现有两类时代印痕的年糕模板,一类是晚清的反映科举题材的年糕模板;一类是反映辛亥革命胜利的年糕模板。科举如意是历代中国人的追求,此心愿在年糕文化中的表现是怎样的呢?除上述状元糕外,还有把科举如意的心愿雕刻在年糕模板上的,如下图。"纪念旗帜"年糕模板图,其花样中有两面斜插的旗帜,这是辛亥革命的五色旗和十八星旗。

1911年,在伟大革命家孙中山的领导下,辛亥革命推翻了清朝的统治,慈城人以各种方式庆祝这一胜利,雕刻有五色旗和十八星旗花样的年糕模板就此产生。自1861年的大福年糕模板到1912年的辛亥革命纪念年糕模板,从一个侧面反映了时代的变迁,由此,年糕模板既刻录了民间表情,也记录了时代特征,这就是年糕模板的艺术价值所在。

■ "状元及第"年糕模板

年糕艺术价值

■ 具有鲜明时代主题的年糕模板

前面已提到了揿印模板的图案比座印模板简单,笔者根据分析认为,这不单纯是图案的变化,同时也反映了时代的变迁。对比年糕模板的制作年代,座印模板比揿印模板的制作年代早一些。揿印模板大约出现在清末民初,随着年糕成为百姓人家平时的主食,年糕的神秘性开始淡化,这样,年糕模板上的图案从原来的天官、神仙等主题向表现自然的主题转变,而这一转变正发生在新文化运动期,年糕模板就这样记录了我们的时代。

本书插页年糕模板展示了不同意寓的年糕模板。在手工年糕远离我们的今天,抚摸不同艺术造型的年糕模板,仿佛触摸到了打着红印的年糕,年糕模板不仅反映了一个时代的艺术水平,更反映了一个时代的社会风貌。

慈城年糕的手工技艺终究因时代变迁而成为历史。但它一旦变为历史,反过来便成了一种历史文化形态,这种文化形态以它的制作工具之一——年糕模板得以表现。由此可见,年糕模板是实用性、艺术性、时代性完美结合的文化遗产,她展示了农耕时代江南民间的活态文化。

附记:印糕模板与金团模板

年糕的伙伴有槐、汤圆、金团、印糕。年糕伙伴中的金团、印糕制作中均有一道印花的工序,印花需要模板。本部分附记金团模板与印糕模板,以阐述民间美术的多样性以及年糕模板的艺术性。

通常的印糕模板是一根扁长形的木条,其中一面阴刻了三、四或四、五个形状不一的印模,如花色各一的四眼印糕模板图。因做糕,印模上大下小,而且都涂了较厚的漆

■ 不同眼数的印糕模板

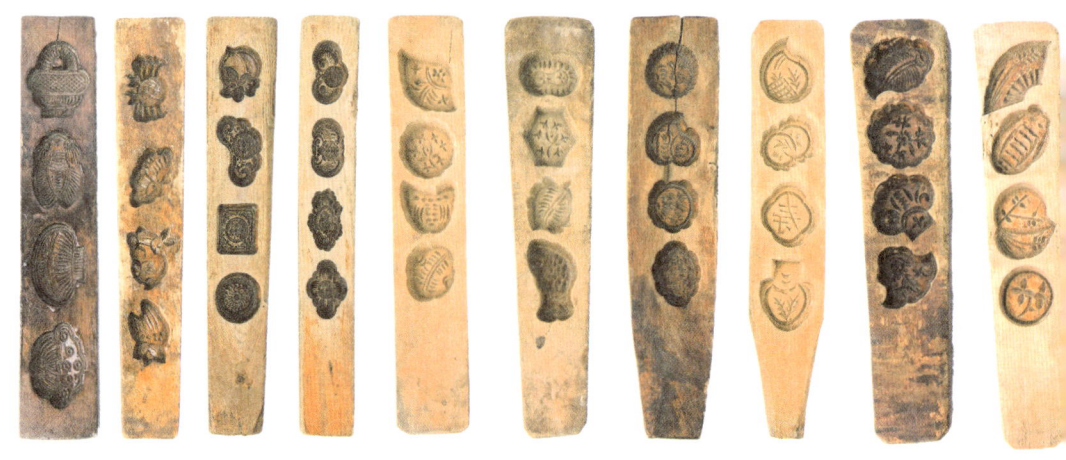

■ 花色各一的四眼印糕模板

年糕艺术价值

膜，以致模板的漆已褪尽，印模色泽却依旧光亮，这一点与年糕正好相反。印糕板长短不一，形状规则的有长方形、长楔形和船形，不规则的则就地取材，有的印糕模板背面直接连带树皮。对照年糕模板、金团模板，印糕模板的花样比较简单，这是区别之一；另外，印糕模板是直接雕刻造型的，在造型的表层再雕刻相关的花纹，旨在加强表达的主题，这也区别于年糕模板、金团模板。

右图是一组石榴印糕模板。石榴是传统吉祥图案，民间视其有"多子多福"的吉祥之寓。这些印糕模板在直接阴刻石榴果实后，又在石榴的投影面阴刻了石榴的结子，像一只剥了皮的石榴，这么一刻，模板的主题象征"榴开百子"。

■ 石榴花样印糕模板（局部）

印糕模板就是用单一艺术手法来表达人们的祈盼与希望，如表示年年有余时就刻一条鱼。这样用单一动物做糕，有点像现在食品店卖的儿童动物饼干那样。在笔者收藏的42块印糕模板中，有11块雕刻了各种形态的鱼，如印糕模板鱼儿图。鱼是印糕模板中最为常见的动物图案，看来在农耕时代，充裕的物质还是人们追求的第一目标，印

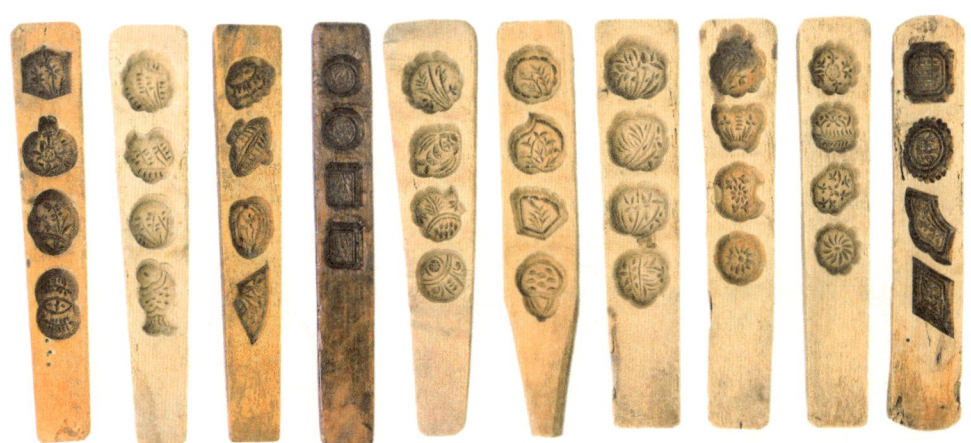

慈城年糕的文化记忆

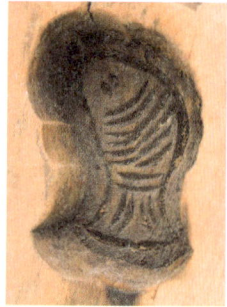

■ 印糕模板的鱼儿图

糕模板从这一角度反映了国人的心态,这是印糕模板与年糕模板一样所具有的人文价值。

从笔者收藏的印糕模板来看,雕刻的花样有:植物中的花草瓜果,比如梅、兰、桂、菊、仙桃、佛手和柑橘等;动物中的天鹅、蝙蝠、蟹、蝴蝶、蝉和鸭等,还有印糕模板上标有文字。这些动植物都是民间美术中常见的吉祥物,将其雕刻在印糕模板上,自然是表达人们美好的愿望。此外,印糕

■ 印糕模板上的文字

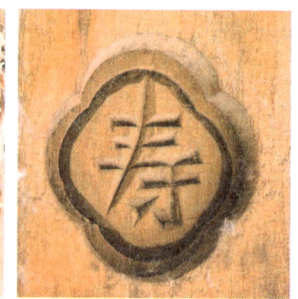

年糕艺术价值

模板上还有一些花纹,是用象征图案来表达主题的,如方胜与长春叶的造型,方胜比喻连绵不断,长春叶意寓长寿。

印糕模板大多为单面雕刻。做有关年糕的田野调查时,笔者却发现一块双面三眼的印糕模板,见右图。

因做慈城年糕的田野调查,笔者研究了近500副(块)各种印花模板实物,凹槽型两面雕刻模板乃唯一的一块,有关资料上也无记载。笔者认为:这块模板保存完整,木工精细,雕刻精美,对专题研究模板的木雕艺术具有一定价值。

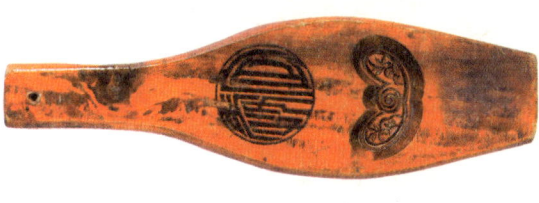

■ 双面三眼印糕模板
（胡金芳收藏）

笔者收藏的印糕模板中还有一种形似年糕套板,有模与框的,如右下图,这种模板的印模最宽尺寸2厘米,小的只有0.9厘米,分上下两部分主题是为了做糕的方便。这种印糕应是孩子和闺房女子的食品,旧时的家庭是怎样闺养樱桃小口的女儿呢?图中的印糕模板也许是个答案吧。与上述的印糕模板的区别是:这3副糕模板的模子没楔形。

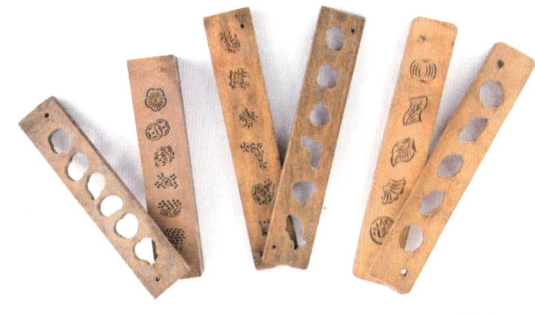

■ 年糕套板式的印糕模板

相比年糕、印糕两种模板,金团模板的表面比较大,因而其花样以人物居多,人物造型有"福、禄、寿"、"和圣"与"合圣"、"天官仙人"和戏曲人物等,如双面四式今团模板图。这块双面金团模板,其中一面内外圈直径分别是12厘米和18厘米,圆圈内雕刻了"寿星骑梅鹿"和"蝴蝶与灵芝",另一面内外圈直径分别是10厘米和18厘米,圆圈内雕刻了"和圣、合圣"和"龙凤呈祥"。真的要感叹工匠的艺术造诣,本是固定不动的鹿却仿佛在奔跑,而骑在上面的

慈城年糕的文化记忆

■ 鲤鱼跳龙门金团模板（局部）　　■ 刻有戏曲人物的金团模板（徐小涛收藏）

人也随之上下起伏，真的是栩栩如生，人物眉飞色舞，就连须眉仿佛也随风飘逸似的。

足够大的表面给雕工创造了无限的艺术想象可能，因而金团模板的花样相对年糕模板的花样要精彩得多，而且有多种系列花样的完整组合，这样的布局既表达了美好祝愿，又将艺术手法表现得美轮美奂。此外，一块金团模板的图案表达多种意寓，如鲤鱼跳龙门金团模板，这块模板的

■ 双面四式金团模板

180

年糕艺术价值

直观图解是鲤鱼跳门龙，但如果细观这幅板面，顶端是一朵荷花，两侧是形似柿子的果实，底下有鱼，中间还有如意等，所以这块金团模板包含了连(莲)年有余(鱼)、吉庆有余(鱼)、事(柿))事(柿)如意等祝福吉语的多层意义。

从现存的金团模板看，金团模板分单柄凹槽雕刻和平面架外圈的两种，如"福寿双全"单柄金团模板图，一般凹槽形的金团模板为一板一主题，而平面架外圈的模板则有一板一式或一板双面多式等，一板双面雕刻，有的是一面有多个主题，笔者所藏的金团模板最多是一板五题，如图。

金团模板花样组合丰富多彩，其中有文字与各种图案的组合，如年糕伙伴中的一板多式金团模板图就是文字天官赐福与植物和几何图案的组合。

金团除了作年节食品外，还常用于生日做寿、好日订婚，因而一般家庭置办多种花样的金团板，根据庆贺的场合而选用不同花样的金团板。如果碰上男婴满月，就选用

■ 一板五式的人物金团模板

■ "百鸟朝凤"单柄金团模板和"福寿双全"单柄金团模板

■ "龙凤双喜"金团模板(冯一敏收藏)

龙的图案,此板俗称"团龙",意寓望子成龙,反之若是女婴,则选用凤飞的图案,如百鸟朝凤图,意寓盼女成凤。做寿时用的自然选用老寿星,也可选用"福寿双全"金团模板,中间一个大"寿"字,外边是圈大大小小的蝙蝠,制作福寿双全的金团,意寓幸福、长寿。结婚的可选"龙凤双喜"或"龙凤呈祥",这是多么喜庆的美事哟。

无论是印哪种花样,无论是做印糕,还是做年糕或做金团,这一切的一切都是人们对美好生活的祈盼,以及幸福生活的展现,是地地道道的民间艺术。慈城年糕的手工记忆之所以让人们怀念是在于它的文化、它的艺术。

目前,慈城城乡居民还保存着不少年糕模板、金团模板和印糕模板,想必这是保留的一段记忆,即农耕时代的一种生活状态。

年糕文化印痕

NIANGAO WENHUA YINHEN

年糕作为一种食品,伴随着我们的生活;手工年糕作为农耕时代的饮食符号,深深地烙印在人们的心里……如今,当这种符号渐渐地离我们远去,人们就开始用人类特有的符号——艺术来记录它的离去,从而形成一种有关年糕的特别记忆,严格地说应是手工年糕的文化记忆。

年糕文化印痕

同样是主食,似乎没有很多的文艺形式来描写我们天天食用的米饭;同样是粉食制品的主食,人们对于馒头的记忆也似乎不像年糕那样的浓烈,想必这是年糕独特的文化魅力吧,或者说是因年糕文化影响的缘故。一定的文化形态与一定区域的地理生态条件和人文历史分不开,它是在特定的地理环境和社会发展中逐渐形成的。[1]年糕作为起源于农耕社会的一种食物,首先是农民的自然情结与民俗情结的情感产物,其次是地方的地理环境和历史背景的资源产物。因此年糕的影响不仅仅是一种物质的影响,更是一种文化的影响。

迄今为止,慈城地区已发现15处古文化遗址,其中在城内的慈湖遗址中发现了较多的木耜,证明了居住在这里的先民过着从事耜耕农业为主要生产活动的经济生活。城外,距今7000余年的傅家山遗址也是一处以定居、耜耕农业等为主的新石器时代遗址……就此而言,农耕文明在年糕制作、年糕发展诸环节打下了地域文化的烙印。反之,年糕文化或多或少也影响了慈城地区的农耕文明。正是两者间的相互影响,或者说是地域文化烙印,积淀了别具一格的慈城年糕文化。根据对慈城年糕的田野调查,从年糕原料种植开始,至年糕制作乃至年糕饮食的系列过程所产生的年糕文化至少有四种形态,一是与风情民俗融为一体的生产习俗、制作习俗、生活习俗和节日习俗诸如此类的民

---

[1]姜彬:《吴越民间信仰民俗》导论,上海文艺出版社,1992年版

慈城年糕的文化记忆

俗文化;二是与原始信仰相连的民间语言,以民间文学的形式而流传,如歌谣、谚语、谜语和传说等;三是以承载人们精神世界、慰藉人们怀旧情感的各种文艺作品,如戏曲、音乐、美术、文学诸如此类的文学艺术;四是记录年糕生产和年糕发展的新闻报道,这是年糕发展的时代轨迹。

史料记载的有关年糕的诗词艺文,在明末清初偶见,清中、晚期出现了诗、歈(意为歌)和菜谱等,这么多的文艺作品,也佐证了年糕制作始于西周,兴于明,盛于清朝及民国。

民俗记忆

有关年糕的民俗文化是通过民间文学来记录、传播和传承的。

民间文学是用广大劳动人民的文学语言表达的。有关年糕的民间文学反映了人们对自然界一些现象的崇拜情绪。这里的崇拜情绪即人们崇拜自然界的一些现象,诸如日、月、星辰、动植物等。就此而言,有关年糕的民间文学除了民间文学原本所具有的六大特性,即口头性、集体性、变异性、传承性、直接的人民性和优越的艺术性外,它还具有神秘性和多样性。

2004年,慈城的傅家山遗址出土了象牙雕鹰头饰。这一实物的出土,再次证明了吴越地区的原始信仰——动植物崇拜。有关年糕的民间文学不少是反映慈城先民对天象的信仰,有对日、月、星辰的信仰,还有对动植物的崇拜。这使得有关年糕的民间文学显得有些神奇。想必这是因为人们在年糕制作时遇到无法解释的自然现象,如上面提到蒸

年糕文化印痕

粉时的鸣叫,还有米粉的变色等等。出于敬畏自然、崇拜自然的心理,人们在每年的农事前要祭神,如前插图《御制耕织图之祭神》中的情景[1];人们不仅崇拜自然,而且由对自然的崇拜而形成种种习俗,如前述的年糕制作过程中的禁忌。正是出于对自然的敬畏和崇拜,民间就出现了如《打年糕》之类的传说,出现了"地菜马兰炒年糕,灶神菩萨亦馋唠"的谚语。

从采录的目前仍流传在慈城地区的有关年糕的民间文学来看,其文学形式至少有歌谣、谚语、谜语和传说等四种。无论是歌谣还是谚语,无论是高雅的谜语,还是通俗的传说,都是农民们自创自编的作品。这些代代相传、世世传唱的文学作品,镂刻出一个地区的历史足迹,积淀着古老而不易消逝的风情,是人们的心愿、人们的意志、人们的感情惟妙惟肖的展现。文艺要歌颂温暖,文艺也要批判冷漠。从搜集到的有关年糕的民间文学来看,无论是传说故事,还是歌谣、谚语,都不同程度地承载着文艺抚慰、温暖人的心灵的作用,这让人们看到社会的光明面。但文艺也要揭露丑恶,也要让人看到社会的阴暗面,有关年糕的民间文学也具有歌颂与揭露的双重价值,比如《长工叹苦经》、《十二个月长工谣》两首歌谣,既唱出旧时的岁时风俗,又将农耕时代的"劳资"关系揭露得淋漓尽致。笔者认为,这是有关慈城年糕的民间文学对农耕文明的一大贡献。

歌谣 歌谣作为民间文艺的一种形式,根据演唱场合的不同可分田歌、生活歌等。

车水调

[1] 天一阁古藏本,由宁波天一阁博物馆提供拍摄

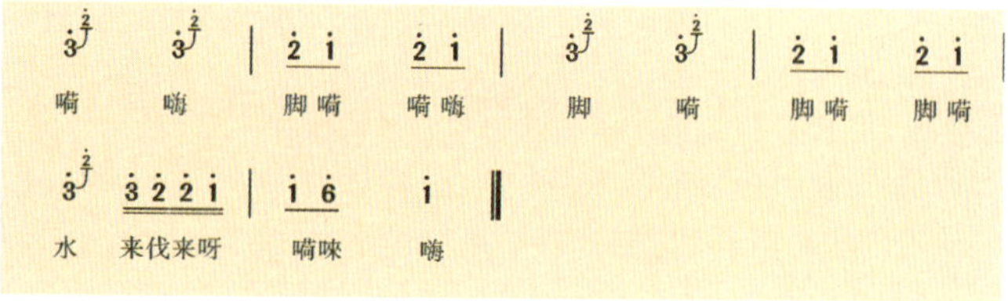

[乐谱图]

田歌，如果以稻米生产的劳动号子作定义的话，可以想象歌手们有时隔河隔田对歌，有时独自哼唱，有时几人或十几人放声高歌的种种场面，伴随着歌手哼起的号子，歌儿在希望的田野飞扬，心儿在热切的企盼中激荡，那是劳动者的时代记录，那是劳动者的生命赞歌。虽然对比其他的民间文艺形式，流传在慈城地区的田歌不多，但田歌的内容却是多样的，如边劳动边演唱的《车水调》《春调》、《耘田歌》、《耥田歌》（一）、《耥田歌》（二）、《割稻歌》等，还有一种诙谐的自嘲式的顺口溜，如："黄蛤山沿畈，田螺像鸭蛋，蚂蟥较较关[1]，鸭舌头、破铜钿[2]满田畈，毛草郎来造反[3]，种田人靠天吃饭，大熟年份一、二担[4]，灾年一担收半畈。"[5]这首歌谣是多么的直抒胸臆，展现了现实的文化场景。

春调

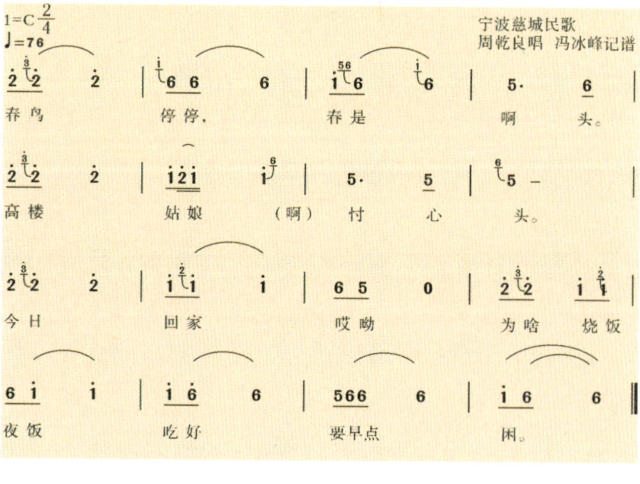

[乐谱图]

[1] 较较关：方言，意为很多

[2] 鸭舌头、破铜钿，是两种田间杂草的俗称，整句意为土地贫瘠的草害

[3] 毛草郎，是一种小蟹的俗称，整句意为江河流域田间的蟹害

[4] 大熟年份一、二担，方言，意为丰收之年；一担，数量词，一般为一百斤

[5] 根据口述记忆，流传时间为20世纪50年代之前

年糕文化印痕

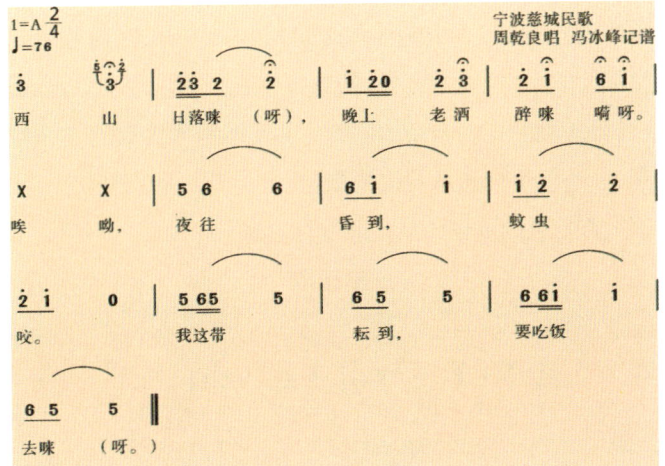

生活歌，如婚礼中的《婚礼曲》，生育时的《早生儿子中状元》，寿席上的《把酒谱》，葬礼上的《哭七七》，歌谣的题目就表达了歌手的喜怒哀乐，更别说内容的缠绵婉蓄，怨愁悲欢了。此外，生活歌中还有儿歌和情歌，农耕时代的慈城人大多是祖孙同居一个屋檐下，孩子们唱得最多的是"摇

慈城年糕的文化记忆

啊摇,摇到外婆桥",还有《十二个时令歌》《十二月子字歌》,这些儿歌,孩子们往往是边做游戏边唱,因而儿歌一般都朗朗上口,欢快简洁。情歌有《对花十送郎》等。日出而耕,日落而息的生产、生活赋予了民间秀才极大的创作空间,一些歌手们还从身边的景物、地名等入手,唱出有着浓郁地方特色的歌谣,如《江北地名歌》。

割稻歌

伴随年俗节令,歌手们还唱出同一个岁时节令不同的歌谣,最典型的是《十二月子字歌》。根据笔者调查所得的一些口头记忆和查阅相关的正式出版文献,不完全统计,在慈城地区以"十二月子字歌"为主题的歌谣至少有8首,其中具有代表性的四首如下:

(1)十二月子字歌[1]:正月嗑瓜子,/二月放鹞子,/三月上坟坐轿子,/四月种田下秧子,/五月白糖搵粽子,/六月朝天扇扇子,/七月老三[2]拿银子,/八月月饼嵌馅子,/九月重阳挑担子,/十月吊红焐柿子,/十一月落雪子,/十二月冻煞叫花子。(流传于庄桥街道)

(2)十二月子字歌[3]:正月拜岁嗑[4]瓜子,/二月小顽放鹞子,/三月上坟坐轿子,/四月种田下秧子,/五月冬红吃粽子,/六月走路带扇子,/七月老三挖银子,/八月月饼嵌馅子,/九月重阳挑担子,/十月吊红焐柿子,/十一月老天落雪子,/十二月年糕打印子。(流传于慈城镇)

(3)十二月子字歌[5]:正月拜岁笃[6]瓜子,/二月空畈放鹞子,/三月上坟坐轿子,/四月种田撒秧子,/五月端午裹

---

[1]浙江省民间文学集成办公室:《中国民间文学集成·江北区》,1989年9月,第216页

[2]老三:方言,意为鬼魂

[3]根据冯岳祥口述整理,口述时间为2009年5月,口述地点为慈城浦丰村冯家50号

[4]嗑:方言,音读"轧"

[5]童银舫:《慈溪民间歌谣集》,大众文艺出版社,2009年5月版,第3页

[6]笃:方言,意为嗑

年糕文化印痕

粽子,/六月莲蓬结莲子,/七月棉花结铃子,/八月桂花做馅子,/九月摊头买橘子,/十月掏地下菜子,/十一月满天落雪子,/十二月送灶吃团子。(流传于余姚市)

(4)正月嗑瓜子[1]:1—4月与(1)相同,五月杨梅夹桃子,/六月荷花结莲子,/七月老三祖宗拿银子,/八月桂花结桂子,/九月重阳吃粽子,/十月金柑夹橘子,/十一月里落雪子,/十二月冻死叫花子。(流传于慈溪市)

这四首歌谣现流传地的原行政区划有一部分同属慈溪县。其中不难看出,有的是内容相近却因流传乡村的不同而题目不同;有的是不同内容而题目相同,但没有完全相同的歌谣。此外,从以上歌谣可见两点,一是作为食物的年糕在民间不同地区其重要性各不相同,县治所在地的慈城,年糕占有十分重要的位置;二是制作年糕的时令在十二月,也就是腊月。

歌谣《老婆婆》[2]唱的是人们打算做年糕时的心情:"侬拉年糕何时做?/日里[3]做,小人多;夜时做,费油火,/派来派去呒告做[4]。"

歌谣通过老人的独白形式来表现。根据歌词"费火油"这句中"火油"不称"洋油"推断,歌谣流传时间应为民国时期,同时还能说明做年糕的时间除了白天,还有可能在晚上。这一点与口述资料相吻合。

歌谣是民间生产、生活情景的再现,这首《老婆婆》还说明了做年糕有分吃年糕团的风俗。"日里做,小人多;夜时做,费油火,/派来派去呒告做。"歌谣唱的似乎是生活不那么富裕的老婆婆"做不做年糕"的矛盾心理,其实是老婆婆在计算做年糕的成本,即是做年糕还是买年糕,这首歌谣把精打细算、勤俭节约的宁波人唱得栩栩如生。如今,当年歌谣中所唱的景象早已退出了人们的生活,但遥远的歌声却还在民间流传。

---

[1]《慈溪民间歌谣集》,第5页

[2]《鄞县志》,中华书局,1996年版,第1998页

[3]日里:方言,意为白天

[4]派来派去:方言,意为计算;呒告:方言,意为不能

慈城年糕的文化记忆

年糕做了数百年,有关年糕的歌谣亦成了一代又一代的口头记忆。详见"口头记忆"有关内容。

谚语 谚语是民间知识的总汇,被誉为万宝全书。其实,谚语是人类的智慧和经验结晶,正如高尔基所说:"谚语和俗语典范地表达劳动人民全部的生活经验。"浙东的谚语十分丰富,20世纪80年代末,《中国民间文学集成浙江省·江北区卷》[1]收录了流传在宁波城北的谚语425条,其中有些谚语直接反映了年糕原料的耕种生产、人们的生活状态,如"荒田怕好汉,好田怕懒汉";"种田不种碗头鱼[2]";"人越眠越懒,嘴越吃越馋"。

谚语言简意赅,语轻意重,富有深邃的哲理性、丰富的经验性、尖锐的训诫性,但由于"十里不同风,百里不同俗",笔者在做慈城的田野调查过程中发现,类似意义的谚语在慈城有不同的说法,如"种田种到老,勿忘草籽河泥年糕稻"。因此顺便收集了一些谚语,记忆最深的是"月亮猛猛晒勿来谷,女人乖乖上勿来屋"。

20世纪70年代,慈城妙山中学编印小册子《农村常用字》,这本小册子的附录中还收集了97条农谚,分"种水稻"、"种麦"和"天气"等子目。这些流传于慈城地区的农谚与其他地区的农谚也有同义不同音的情况,这是有关慈城谚语的特点。慈城的语言比宁波方言在发音上软一些,更接近书面语,如以下的有关年糕谚语。

地菜马兰炒年糕,灶神菩萨亦馋唠。

春槐春年糕,今年更比去年好。

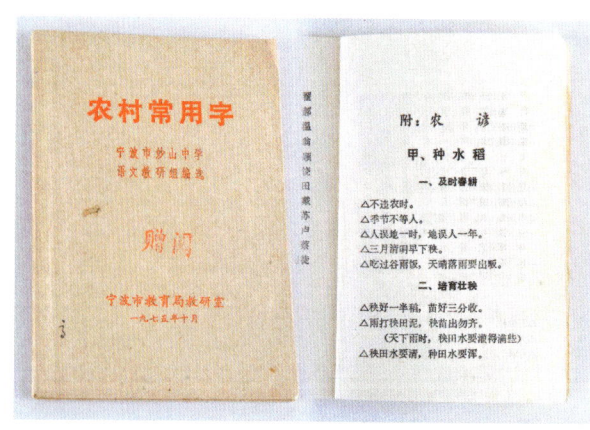

■ 收集了慈城农谚的小册子

---

[1] 浙江省民间文学集成办公室出版,1989年版

[2] 一般鱼头放入碗里,呈头尾上翘状,此言意为种田插秧禁忌秧腰入泥,秧根上翘

年糕文化印痕

出力勿讨好,阿黄舂年糕。

晚青米饭香喷喷,梁湖年糕滴滴糯。

年年中秋吃月饼,岁岁隆冬舂年糕[1]。

正月马灯跑又跑,阿姆阿婶撩年糕,年糕呒有馃也好。

堕贫嫂,样样要,裤子脱落盛年糕。

堕贫嫂,屙磅造,黄狗拖来臭年糕;油爆爆,糖炒炒,吃落味道交关好。

舂(槐)舂年糕,年糕店里灶君菩萨翻顶倒[2]。

传说 民间传说凝结着人们对现实生活的追求和向往,是人类浪漫主义的情结显现。"产生于慈城地区的民间传说带有浓郁的地方特色和深刻的哲理,有些传说在全国也有很大影响,梁山伯与祝英台的传说就是其中一个。"[3]《中国民间文学集成 浙江省·江北区卷》汇集了近百个流传在慈城地区的民间传说。反映慈城人文的《古镇慈城》内刊编印的民间传说更多。这些传说中不少是有关年糕的原料种植、年糕来历与制作的故事。笔者在田野调查中发现,如今人们还津津乐道的相关传说有《田螺姑娘》、《晒谷姑娘救康王》、《三兄弟耘田》、《白米湾》、《炒米川》、《打年糕》、《年糕的故事》和《年糕的来历》等。

众所周知,民间故事数百年来是口口相传的,每传播一次便加入讲故事人的主观思想,掺入一个时代元素,这犹如电脑每一次保存文档的刷新,为了保持传说的原汁原味,特将有关慈城年糕的传说与歌谣归类至本书"年糕口头记忆"部分。

谜语 旧时的民间文学绝大多数是围绕农业生产和大众日常生活的口头文学。一些田头秀才除创造歌谣、谚语,编讲故事外,还做谜与猜谜,既互斗智慧,又休闲娱乐。他们对每天所见的水稻,就制作了"头戴珍珠百宝,身

[1]励明康:《宁波非物质文化遗产》本,2009年5月

[2]民国年间童谣——《货郎担》中的末两句

[3]戴松岳:《风流千古说慈城》,宁波出版社,2007年3月版,第168页

穿竹衣绿袄,脚踏水漫金山,没我真正犯关[1]"的谜语,如此取材于日常生活和平时生产劳动的谜语,采用拟人、拟物、比喻、谐音等手法做谜面,口口相传,流行于民间。在没有电扇、空调的年代,每当夏夜乘风凉,老人常出谜语让晚辈猜,有时长者自己也互猜,其谜语包括人体、动物、植物、建筑、食物、自然现象、日常用品、老器具和老行当等等。

谜语,一般分口头谜语和灯谜两种。如今,随着居住环境的变化,原流行的民间口头猜谜活动在都市逐渐消失,而在慈城的乡村还偶有猜谜习俗,自然也有灯谜和口头谜语两种形式,灯谜大多是有组织的,多见于各种文化活动或节庆活动中,而民间的猜谜活动则是家庭成员或邻里

---

[1]犯关:方言,意糟透,完蛋

■ 贺友直创作的《做年糕》（2007年）

间、乡邻间的逗笑。上述活动中或自娱自乐时的猜谜，其谜语因时代变迁而变化，但仍有一些原汁原味保留农耕时代特征的老谜语。根据慈城的老人口述，参照民俗学会丛书之一《宁波谜语》一书，有关年糕原料和年糕制作的谜语常见且谜面做的较多的是磨粉。

金鸡叫，雪花飘，三个老大[1]同船摇。

石头层层勿见山，短短路程转个弯，大雪纷纷不觉寒，雷声隆隆勿落雨。

石岩高，石岩低，石岩缝里雪花飞。

稀奇稀奇真稀奇，牙齿生在肚皮里。

---

[1]老大：方言，意为船夫

慈城年糕的文化记忆

上述四个谜语以时令、器具为切口，采用拟物、比喻、象征的手法做谜面，其谜底同为磨粉，若是磨过年糕粉的人，都会情不自禁会惊叹这些谜面做得"切"。

以"年糕"两字为名的科幻书书影

多彩艺术

年糕作为一种食品，伴随着我们的生活；手工年糕作为农耕时代的特色食品，深深地烙印在人们的心里……如今，当这种符号渐渐地离我们远去，人们就开始用人类特有的符号——艺术来记录它的离去，从而形成一种有关年糕的特别记忆，严格地说应是手工年糕的文化记忆。在做慈城年糕的田野调查时，笔者发现留存在人们头脑中有关年糕的记忆除了上述民间文艺这一表现形式外，历代艺人还以年糕为创作题材，创作了不同艺术门类的作品。宁波籍著名连环画家、线描大师贺友直先生近几年为宁波的上海同乡会创作了两幅《做年糕》。

2007年秋天，浙江省美术家协会组织部分画家来江北采风，池沙鸿先生创作了国画《慈城打年糕》，前述《年糕制作年画》，还有连环画——《年糕的故事》。音乐方面，有歌曲《年糕歌》[1]、《春年糕》[2]，有表演唱《年糕物语》、《年糕年年高》[3]等，还有台湾歌手演唱的《送你一个大年糕》[4]。

不知是对年糕的记忆太深，还是年糕具有的普遍性，笔者还看到了一本科学童话画册的书名居然为"跟着炒年糕的人体旅行"，但画册内却没有出现一根年糕。仔细阅读才知，此画册的作者是韩国人。韩国与我们在年糕习俗方面有相同之处，真不知作者为何要跟着炒年糕去旅行，是否是惦记炒年糕的缘故呢？

---

[1]陈雪帆词，赵万福曲，《宁波日报》，1983年11月13日

[2]吴百星创作于1995年，刊于《浙江当代100家歌词精选》，中国文联出版社，2008年8月版

[3]成风创作于2008年春的表演唱词，其中《年糕年年高》获宁波市第十届"五个一"工程奖

[4]摘自 http://www.56.com/w57/play_abum-aid-772833_vid-MTM3NzQ4MjY.html

贺友直创作的《做年糕》(2009年)

慈城年糕的文化记忆

以年糕为题材创作的还有曲艺作品,如天津的《西河大鼓》。因形式有限,有关年糕的艺术作品无法全面记述,但以一斑见全貌,从中可知年糕的多彩艺术。笔者认为,无论上述哪种文艺形式,都是以年糕为符号对农耕时代的一种文化记忆。而这些记忆,既展现了年糕的民间表情,也说明年糕从民间田野走进高雅艺术的殿堂,呈现出五彩缤纷的景象。

■ 刊印有《年糕的故事》连环画的《中国民俗故事》书影

曲艺——《西河大鼓》故事梗概 很久以前有一户人家,家有老公公、老婆婆和儿媳妇三口人。话说这一年冬天,大雪纷飞、天气寒冷。大年三十这天家家户户都要蒸年糕,这家人一早就将年糕蒸到锅里边。老婆婆一看年糕没熟就串门去了,老公公挑担去村边打水。不一会儿年糕蒸熟了,儿媳妇一看公婆不在家,就想偷着吃年糕。她慌忙打开锅盖用筷子插年糕,正要咬一口时,婆婆回来了,她慌忙之中把年糕藏在棉袄大襟下,一下子将肚皮烫了个大燎泡,疼得她顺手把年糕从窗户扔了出去。正巧热年糕打到挑水回来的公公的嘴巴上,烫掉了老公公的胡子。

美术——《营业写真》刊载的《做宁波年糕》,烟画的《做年糕》、《做年糕年画》以及当代画家创作的做年糕图等。

音乐——《舂年糕》(吴百星) 捣臼东家抬 / 铺板西家来 / 灶膛红红热气高 / 欢天喜地迎新岁 妹来帮 嚓嚓嚓 / 哥来舂 咚咚咚 / 一个卷卷袖子沾沾水 / 一个举起石碓举起爱 / 捣臼圆圆结同心 / 石碓上下滚春雷 哥糅团沙沙沙 / 妹压板 笃笃笃 / 做条活脱鲤鱼跳龙门 / 做对小小鸳鸯嘴碰嘴 / 糯糯年糕浓浓情 / 甜甜歌儿绕梁飞

年糕文化印痕

年糕歌

慈城年糕的文化记忆

做年糕歌[1]

（简谱：宁波慈城民歌，周乾良唱，胡楚定唱演）

（甲）新年来唎啦，（乙）嗨嗨啊（甲）开开心心（乙）做年糕啊（甲）隔壁邻舍（乙）也请到啦
（甲）小人小顽，顶要紧啊（乙）大人也会来走到啊（甲）上代祖宗，邀请到啊
（甲）哎呀，嗨嗨，哎（乙）嗨唎，做年糕啦，年糕好啊，芝麻开花，节节高呀
（甲）隔壁邻舍，邀其来呀，统统欢喜，好来到呀，年糕团呀，要分到呀
（甲）每份人家，合要到啦，开开心心，搞和睦啦，哎呀嗨唎，哎哟
（甲）做年糕呀，为了好呀，嗨哟嗨唎，明年好来今年做落，明年做唎
（甲）每年做好，年年高呀，年年高呀，嗨嗨哟嗨嗨哟

——《送你一个大年糕》（卓依婷演唱） 新年蒸了一个大年糕，/年糕又香又甜，/个个都说好，/吃了我的年糕，/又添一岁了，/万事如意一步一步高。/送你一个大年糕，祝你身体好啊，/送你一个大年糕，祝你财运高。/啊，喜上眉梢迎新年呐。

——《年糕物语》（成风） 雪花飘飘新年到，农村景象换新貌/小洋房，小汽车，庭院围绕种花草/想想未来怀怀旧，讲讲传统做年糕磨//（嗨嗨），磨（嘿嘿），/磨担长，磨担短，还是癞头呒出气；/磨担一头翘兮兮，尺八大磨像啥西？/癞头一听笑嘻嘻，今年肯定大吉利/磨担拉来又推去，癞头磨磨顶欢喜/（阿拉阿拉阿拉阿拉……）//癞头阿爸哎——，好来椿勒！椿（嘿嘿），椿（嘿嘿），/捣臼大，捣臼

[1]冯冰峰整理、记谱

年糕文化印痕

小,还是啊爸经验老;/捣臼当头硬绷绷,盖头为啥有只凹?/啊爸一看正正好,明年还有孙子抱;/勤腾勤腾搯其实,下点师傅手看牢。//癞头嫂哎——,好来捏勒!捏(嘿嘿),捏(嘿嘿),/糕团悐,糕团糯,还是啊嫂手梗脆//年糕团子塔塔耐,当中还要啥西按?/啊嫂一捏捏根鱼,馅子多晏拔下一辈/印糕板里勒一勒,当中红红一朵梅//癞头儿子哎——,好来吃勒!/吃(嘿嘿),吃(嘿嘿)/花头透,介稀奇,还是小顽抢了前/抢只元宝发财去,抢朵荷花小娘婢/牙舒长长福禄寿,鸳鸯一对新娘子/鲤鱼跳过龙门去,红榜贴贴好及第//癞头阿爷哎——,年糕做好勒!/年糕高,今年收成好,明年还要比今年好/拜天拜地拜菩萨,太太平平好消息/前后隔壁邻舍家,和和睦睦勿造涅/上辈小辈一份人家,孝孝顺顺过日脚//太太平平和和睦睦孝孝顺顺年年年高

——《年糕年年高》(成风) 小楼门前停轿车,庭院环绕种花草/欢乐祥和新农村,雪花飘飘新年到/畅想未来怀怀旧,讲讲传统做年糕/全村老少聚一道,比比谁的手艺好//仙桃一对福禄寿,先祝愿安享晚年的老人们/元宝一对请进家,不忘记发财致富党的恩/鸳鸯一对是比喻小夫妻双双对对感情真/鲤鱼一对跳龙门,读书人参加高考都一本/阿拉阿拉阿拉阿拉……//正月里腊梅满枝头,村民们合作社里有股份/二月里杜鹃提前开,大棚里水果蔬菜鲜又嫩/六月里荷花莲蓬藕,专业户养鸭养鹅靠勤奋/金秋十月天高气爽,村子里花鸟鱼草五彩缤纷/一年四季好景象,小水牛悠闲悠闲懒腰伸/阿拉阿拉阿拉阿拉……//老师学生一起玩,堆雪人嘿嘿嘿嘿不怕冷/火眼金睛孙悟空,金箍棒变变变变真是神/高速公路通到村口,小轿车嘟嘟嘟嘟进家门/奥运比赛在鸟巢,破纪录蹭蹭蹭蹭中国人/我还要捏一个火箭,神州8号——/阿拉阿拉阿拉阿拉……//天地万物自然人,太太平平享和谐/前后隔壁好

慈城年糕的文化记忆

邻舍,和和睦睦真亲切／上辈小辈团团圆,孝孝顺顺过年节／年糕年糕年年高,年年生活新境界／阿拉阿拉阿拉阿拉……

诗词艺文是历代文人以语言为手段塑造形象来反映社会生活、表达思想感情的一种文学创作。

从笔者查阅的资料发现,以年糕为创作题材,其文学样式除上述民间文学外,还有诗歌、散文等体裁。有关年糕的文学作品,早期以诗歌为多,如清晚期的竹枝词。那时,其作品多与年节连在一起,如宁波张廷章的《十二月竹枝词》、余姚朱文治的《销寒竹枝词二首》。现代诗有《慈城年糕谣》、《慈城的年糕》[1]等。可能是对年糕情有独钟,无论是古代士大夫,还是当代文人,都以诗歌抒发对这一年节食品的心灵感受。

有关年糕的随笔、散文,刊发时间比年糕诗晚近半个世纪,在宁波的媒体最早刊发已是1930年,之后,有关年糕的文章比诗歌多见于宁波报纸期刊,如1948年5月11日的《宁波日报》波光副刊所刊羽光佳的《年糕的滋味》。随着手工年糕制作技艺的消失,宁波人说年糕、忆年糕的文章多见诸报端,据笔者对刊发在宁波平面媒体上的有关年糕的文学作品的不完全统计,宁波人有关年糕的文学作品主要是随笔、散文和诗歌,一些作者在创作小说、报告文学时亦常用年糕这一家喻户晓的"道具"。[2]如今重读这些年糕相关的文学作品,发现20世纪八九十年代的文章直接以年糕为题居多,如1985年1月1日发表在《宁波日报》的《年糕絮语》,1987年发表在《宁波晚报》的《做年糕琐记》以及

[1] 钱文华著,收入荣荣主编《宁波当代诗人诗歌选》,宁波出版社,2007年7月版

[2] 详见附录六《宁波作者的有关年糕文学作品存目》

年糕文化印痕

1999年2月18日发表在《宁波日报》的《水碓年糕》。1995年冬天,笔者因白天就慈城年糕专题作了采访,情不自禁,写下了短文《儿时的年糕团》,以怀念渐行渐远的做手工年糕的历史。进入新世纪以后,人们怀念年糕的文章命题改变,很少以年糕直接命名了,如2001年1月1日刊发在宁波日报的百年宁波随笔——《宁波人昔日走人家》,一年后,刊发在同一媒体的散文——《蛰居乡村的日子》和2005年12月25日刊发在《宁波晚报》的《农家小屋里的传统食品》,这些文章的主题是怀念渐行渐远的农耕时代和乡村生活,而(手工)年糕似乎是当年生活的记忆中不可缺少的一部分,于是写的是家乡变化,忆的还是当年的年糕。这样,年糕仿佛成了人们思乡的闸门。也许是年糕牵出来的故乡情愫,因而有关年糕的文学作品的作者,有一些是离开故乡的游子。在远离故土的游子心中,年糕又似乎是怀念故乡的感情载体,如周作人的《故乡的野菜》一文,写到荠菜也就想到荠菜炒年糕。宁波游子应凤鸣在台湾的《宁波同乡》上以"闲话宁波"为题连续抒发乡情,其中有一篇,题为《难忘儿时过年搓汤圆做年糕》。还有宁波游子,原解放日报资深编辑、著名红学家陈诏先生,也曾写过一篇《杂忆年糕》[1]。

正是年糕所承载的乡情乡谊,有关年糕的文学记忆也成了年糕文化中的一部分。为了让读者了解各地的年糕文化,本节摘编有关年糕的部分文学作品,其中部分是外埠作家咏颂的年糕诗文。宁波人所撰的有关年糕的文学作品,以目录和发表日期汇编到附录六《宁波作者有关年糕的文学作品存目》。

消寒竹枝词[2]

朱文治

晚稻红须又白须,炊来饭滑又清脾。
年糕同是沙田米,谁道余姚逊上虞。

[1] 详见《饮食趣谈》,上海古籍出版社,2003年版,第30页

[2]《宁波耆旧诗》,团结出版社,1994年版,第1295页

■ 雕刻了寿字的各种模板

消寒竹枝词[1]

朱文治

人情谁不喜攀高,细事髫年记得牢。
大小秤边仓廪畔,夜深处处饲年糕。

姚江竹枝词[2]

翁忠锡

清明艾饺端阳粽,重九花糕论担挑。
只有年糕时节早,摊头摆到小春朝。

正月竹枝词[3]

胡杰人

家家红枣共相邀,兼味无多饮浊醪。
差喜杀鸡为黍外,登筵还有炒年糕。

做宁波年糕[4]

佚名

宁波年糕白如雪,久浸不坏最坚洁。
炒糕汤糕味各佳,吃在口中糯滴滴。
苏州红白制年糕,供桌高陈贺岁朝。
不及宁波糕味爽,太甜太腻太乌糟。

---

[1]《姚江诗录》,第31页

[2]《余姚历代风物诗选》,第350页

[3]《余姚六仓志·风俗》(卷十八)

[4] 晚清江湖百业——营业写真,第161页

年糕文化印痕

十二月竹枝词[1]

张廷章

十二月忙年夜到,挨家挨户做年糕。
送年送灶事才了,又把门神贴一遭。

磨年糕[2]

毛翼虎

水磨镩侧磨年糕,过节过年举自高。
亲戚友朋来走动,互相祝贺话滔滔。

■ 刊登了年糕儿歌的少儿读物

慈城的年糕[3]

钱文华

深秋的日子,我梦见小康王/嗒嗒的马蹄踏过外婆桥的背影;/慈城年糕就熟了/慈城年糕就香了;/香了熟了那美丽的传说/从外婆的心里,流到我的心里。//多美丽的传说,雕琢成你/多美丽的灵魂/在慈湖上空飞扬/从深秋穿过严寒/人生没有寒冷只有暖意/我只有暖意/从心里流到/许多人的心里。

慈城年糕谣[4]

钱文华

犹如一页少女的情书/含住,奔涌的相思/充塞心之孤独的夜晚/即使没有诗的生活/也会变得香香的。//犹如一片新娘的芳唇/含住,流泻的温暖/醉倒秋得很深的日子/即使没有花的生活/也会变得美美的//犹如一声母亲的呼唤/含住,揪心的乡愁/笼罩在异乡的游子/即使没有歌的生活/也会变得暖暖的。

---

[1]《宁波市志外编》,第1013页

[2]《天涯芳草庐诗稿》,国际文化出版公司,1991年版

[3][4] 荣荣主编:《宁波当代诗人诗歌选》,宁波出版社,2007年7月版,第552页

慈城年糕的文化记忆

颂慈城——中国第三届年糕节[1]

冯一敏

灵山秀水好慈城,时雨春风促岁丰/特产品牌精制作,年糕文化世传承。//承古创新工艺优,年糕美食甲全球/浸磨蒸揉精操作,柔滑晶莹味一流。//年糕彩语谐音好,佳节年年祝福高/馈赠烹调皆适用,新春餐桌佐珍肴。

难忘儿时过年搓汤圆做年糕

应凤鸣

每年过年,必想起家乡的汤团(宁波汤团的团字不加米字)和年糕。

宁波年糕,世界驰名。食品名字带有"年"字者,好像绝无仅有。由此可见,宁波人过年要比别的地方讲究。

有朋友去宁波,因闻名特别去吃年糕,觉得滋味不如这里永和大陈年糕。也许人类有第一口味先入为主的习性,好像妈妈菜口味天下第一相同。事实上,有人从慈溪外婆家带回水磨年糕,确是软糯可口,煮而不糊,是用传统方法做出来的,如今仍有它的特色。

记得小时候在家乡过年,家里每到十二月就要忙着浸米、做年糕。大户人家还要雇请年糕师傅来做。做年糕最重要是选米,最吃力是蒸煮后操打,然后用年糕模板,一条一条的捏印,每做一条都要加上黄蜡,防粘防腐。模板上有财神、送子图等吉祥图案,每做一块,直长条四角整齐有致,再加打小小红印,不像现在市上所卖的只是棍棒形米条而已。

做年糕时,另外用年糕粉做元宝,用以拜神。为了逗小孩们高兴,也做些小动物,手艺好的,栩栩如生。做年糕讲场面,每家少则百斤,过年吃不完的,拿来风干(不能晒,因晒后容易裂开),到某一程度,放入水缸甏中用水浸起来。乡下用天水(下雨时盛下来的),另有何时的水可浸与不可

[1]宁波市民间文艺协会诗词楹联学会编:《桑园诗联》,2008年3月,第5页

年糕文化印痕

浸的分别,绝对不用井水,现在能否用自来水,就不知道了。水会发臭,要常换(发现有水泡时),即使到了五月端午,水发酵了,年糕风味不减。(节选)

杂忆年糕(节选)
陈诏

我生在浙江宁波城内。六七岁时,快到年末,确是孩子们"乐不可支"的时节。因为家中要雇工做年糕,这是一件大事。先要拿几斗粳米,掺上一些糯米,浸泡在水里,然后磨成米浆。沥干后放在蒸笼里蒸。这时候,客堂里已经准备了杵臼,同时支起一张桌子和一条长方桌,大人、小孩都坐在长方桌周围。当年糕师傅把蒸熟的一大块米团端出来时,先要放在杵臼里用力捣几下,然后放到长方桌上。于是大家就抢,抢到手的放在年糕模子里用力按,最后从模子里拿出来就是一长条、一长条年糕。如此从早上到下午才完工。这种年糕有花纹,有字样,整齐而美观。待晾干,可以放过年以至很长时间。孩子们除了凑热闹外,最高兴的是在做年糕时可以拿热气腾腾的年糕团嵌油条或豆酥糖吃。

吴中竹枝词[1]
吴士宏

片切年糕作短条,碧油煎出嫩黄娇。
年年撑得风难摆,怪道吴娘少细腰。

吴歈[2]
蔡云

腊中步碓太喧嘈,小户米囤大户廒。
施罢僧家七宝粥,又闻年节要题糕。

---

[1]《清嘉录》,第46页

[2]《清嘉录》,第209页

慈城年糕的文化记忆

年糕[1]

李福

珍重题糕字,风光又一年。
为储春糗饵,预听磨盘旋。
筛细堆檐雪,蒸浮袅灶烟。
吉祥同粽熟,摩按胜粢坚。
甘许糖调蔗,香应稻识莲。
尺量圭待琢,寸断线频牵。
外倩瓜仁剥,中容枣实填。
狭看持石笏,方拟运花砖。
品佐酬神馔,盘添压岁钱。
馈遗亲谊厚,赍赏大家便。
回首重阳酒,撑腰二月天。
人情还可笑,黄白肖形偏。

糕元宝[2]

吴锡麒

世人皆爱宝,名字及糕资。
口腹奢如此,金银饵岂知?
老馋争炙热,一饱已倾赀。
转笑堆成屋,何曾会疗饥。

年糕[3]

许青浮

飔馆分曹斗糗资,宋家曾入重阳诗。
吾乡此风尚腊月,翻作年糕充馈节。
呵冻春磨连夜忙,满甑玉屑炊甘香。
世人由来爱甜口,不妨十倍添糖霜。
金刀如风玉纤巧,灯前片片分来好。

---

[1]《清嘉录》,第209页

[2]《吴郡岁华纪丽》,第335页

[3]《吴郡岁华纪丽》,第336页

年糕文化印痕

妇子嬉笑儿女争,满袖分携杂梨枣。
叮咛留片过元宵,好待老翁来撑腰。
(年糕留至元宵,食之可可免终岁腰痛。)

年糕[1]

袁景澜

岁节村厨舂磨忙,黍糖蒸釜划成方。
儿童袖手看风雪,并坐煨尝满灶香。

儿歌[2]

甜枣甜,/ 年糕黏,/ 妹妹捧着蓝花碗,/ 一蹦一跳喊过年。

年糕[3]

佚名

年糕寓意稍云深,白色如银黄色金。
年岁盼高时时利,虔诚默祝望财临。

故乡的野菜(节选)

周作人

荠菜还是一种野菜,须得自家去采。关于荠菜向来颇有风雅的传说,不过这似乎以吴地为主。《西湖游览志》云:"三月三日男女皆戴荠菜花。谚云:三春戴荠花,桃李羞繁华。"顾禄的《清嘉录》上亦说,"荠菜花俗呼野菜花,因谚有三月三蚂蚁上灶山之语,三日人家皆以野菜花置灶陉上,以厌虫蚁。侵晨村童叫卖不绝。或妇女簪髻上以祈清目,俗号眼亮花。"但浙东人却不很理会这些事情,只是挑来做菜或炒年糕吃罢了。

[1]《吴郡岁华纪丽》,第 336 页

[2] 金波主编:《快乐儿歌》,接力出版社,2006 年 3 月版,第 11 页

[3] 据《珠江时报》网,2010 年 7 月版

慈城年糕的文化记忆

旧闻新读

新闻的影响最快最直接，慈城年糕之所以闻名遐迩，与新闻的报道是分不开的。从笔者查阅的宁波媒体所做的不完全统计:自 1926 年到 2009 年的 80 余年间,本地报纸刊发的有关年糕的报道至少有 713 篇，[1] 其中不少是有关慈城年糕的报道。笔者阅读这些新闻报道，将有关年糕的大事件或独特性的年糕新闻，如《桑兰:最爱家乡烤菜年糕》；以及影响或反映年糕制作的新闻事件，如《年糕专用稻米有了地方标准》，按年代排列汇编成《宁波报纸年糕新闻存目》(见附录七)。

从《宁波报纸年糕新闻存目》可见:宁波最早的有关年糕的新闻也是最悲惨的年糕报道是 1926 年 1 月《四明日报》的《舂年糕幼孩破脑》一条，单这一标题，仿佛告诉人们喜庆年糕也有血淋淋的故事，这人世间的事真是难料，原本开开心心做年糕，却遇到丧命的意外，这不是乐极生悲吗？众所周知，做年糕要用柴火，而做年糕时的冬季大多是雨水少易发生火灾的季节，年糕旧闻中所记载的伤心事件还有做年糕遭遇火灾之类的意外。另有一家人早起做年糕，空巢的家却被小偷洗劫一空。不过，有关年糕的旧闻中也有温暖的消息，比如一小学募年糕赈灾民，还有警察局用年糕犒赏模范警员等。有关年糕的报道中，系列新闻是《宁波日报》刊登的《慈城年糕风靡甬城》、《慈城年糕名扬四海》、《慈城年糕热销境外华人圈》、《宁波年糕销量占全国一半》、《一条年糕重 2300 公斤?! 》、《吃年糕断了一颗牙获赔偿二千五》、《一根年糕消化 3 万亩晚稻　三七市农民种稻效益增 5 倍》。报道内容最黑心的是《年糕中含有二氧化硫》、《黑作坊日销'白'年糕五十多公斤》等，可能是个别黑心人利用消费者喜爱年糕而赚昧良心的钱，因而有着悠久

[1]根据宁波图书馆馆藏地方报纸检索资料和宁波日报新闻资料检索中心的有关年糕条目统计，其中馆藏地方报纸的时间为 1899—1999 年，宁报日报新闻检索中心的报纸为《宁波日报》(2000—2009 年 9 月)、《宁波晚报》(2002—2009 年)、东南商报(2002—2009 年)。馆藏地方报纸的检索资料不包括已停刊的《明州日报》，宁报日报新闻检索中心的报纸不包括各县(市、区)刊发的报纸。

年糕文化印痕

的年糕生产历史的慈城镇成立了年糕同业公会,并采取措施来规范、保护传统的年糕的生产,有关这方面的报道有《"慈城年糕"通过原产地标记审核》《慈城建立万亩年糕专用稻谷基地》《"慈城年糕"有了地方标准》等,想必这些报道是传承年糕这一非物质文化遗产的一种行动。刊登在新闻纸上的年糕新闻中,最甜美的是《宁波民国日报》与《时事公报》于1939年刊登的同题广告——江北岸新奇香居的"桂花白糖年糕上市了",在70余年后的今天,重读这简单的几个字,仿佛又闻到桂花年糕的芳香,舌尖滋滋地涌上了糖年糕的美味,不知这是年糕的味道,还是文化的味道?

1994年冬天,笔者去生产慈城年糕的宁波妙山良种场采访,并以年糕为主题,编辑了一档"冬至话年糕"的对农广播节目,其中配发了一条"远销海外的塔牌慈城年糕"录音报道,既介绍了慈城的乡土特产、乡土风情,也反映改革开放后农民奔小康的美好前景,在当时的江北区广播站"乡村大世界"栏目播出后,颇受欢迎,翌年被宁波市广电局推荐参评浙江省广电新闻奖并荣获浙江省广播奖二等奖[1]。也许从那时起,慈城年糕于笔者已刻骨铭心了。

数百年流传的东西自有其中的道理。年糕为什么能从年节食品演变成主食,而且成为居米饭之后稻米制品的第二主食呢?重读年糕新闻也许能得到一些启示。

鄞镇东小学募年糕赈难民

鄞县县立镇东小学师生,自抗战以来,对于救亡工作不遗余力,最近利用农历新年机会,会同镇东乡社训班,组织马灯宣传劝募队,采用县抗日会编印之抗日马灯调,出发宣传劝募,历经数日,成绩极佳,兹闻已将劝募所得之年糕二百五十斤备文送县府转发难民收容所,以济难民而利抗战。

刊于1939年3月7日的《宁波民国日报》

[1]浙江省广播电视厅,1994年《浙江省广播电视获奖作品》,1995年5月

慈城年糕的文化记忆

年糕可否携带 民众请求解释

本市米价自当局禁止年糕糯槐等类携带出口后遂立刻下跌,一般平民无不额手相庆,但体味当局之意,只严禁漏海出口,对市区之内以仍自由流通,储兹农历年关将届,民间未能免俗,馈送礼品,日见繁多,年糕素为主要礼品,市区是否可以自由携带,一般民众盼当局重申前令,以资解释云。

刊于1944年1月11日的《时事公报》

宁波市妙山良种场年糕又有三吨运往香港

本报讯(冯向富) 昨日,宁波妙山良种场年糕又有三吨运往香港。该场从去年12月以来运往香港的年糕已达15吨。该场年糕白洁、糯滑,不粘牙,得到港商好评。

刊于1983年2月9日的《宁波日报》

慈城精制年糕风靡甬城

本报讯(应声之) 市食品展销会上慈城粮管所的精制年糕色泽白中透亮,吃来柔滑细腻,久煮不糊,为此天天吸引了大批参观者排队购买。据统计,展销会七天中已接待顾客四千五百多人次,出售年糕四万六千多斤。

五千多斤精制年糕头天不到两小时就被争购一空,第二天七千七百多斤又是一销而光,第三天八千六百多斤年糕仍是一买而空。

这家粮管所的负责人说:宁波人这么喜欢慈城年糕,是出乎意料的。他们将扩大生产场地,在市内设销售点。

刊于1984年12月1日的《宁波日报》

登場

禾黍已登
塢銷覺農
車優黃雲
滿場縣白
水空雨霽
用此可卒
歲飢言免
防秋太平
本無象邨
舍炊煙浮

年糕口头记忆
NIANGAO KOUTOU JIYI

十二月里忙过年,掸尘刷灰洗门窗;杀猪宰羊又杀鸡,份份年糕都舂遍。

年糕口头记忆

写到"年糕文化印痕"时,发现内容太多,尤其是有关年糕的口头记忆资料显得尤为珍贵,于是以"年糕口头记忆"为题书之。为了展现年糕的大众性和民俗性,本部分尽可能多地收集全国各地有关年糕的口头记忆,但可能因查阅资料有限而不尽齐全,尤其是浙江省以外的资料。

收集的渠道除了史料记载外,笔者还利用网络资源,采用了一些来自网络且史料不曾记载的资料,并注明资料来源的网址。没有署名的资料以"佚名"而具。口头记忆内容以时间排序,先本埠后外埠,慈城地区外的口述资料加注了流传地。

年糕歌谣

癞头哥[1]

演唱者:郑月香　记录者:金建楷、成风

癞头哥,来牵磨,/磨担重重呵!/癞头哥,来烧火,/火添甩甩唱山歌。/癞头哥,来吃汤果,/汤果我要多两个。

正月铜钿多又多[2]

演唱者:费安定　记录者:黄祝夫

正月铜钿多又多,/赚来铜钿买青果。/青果两头尖,/

[1]《中国民间文学集成·江北区》,第197页
[2]《中国民间文学集成·江北区》,第201页

慈城年糕的文化记忆

■ 杨家埠年画——春耕图[1]

快快买荸荠。/荸荠扁窄窄,/快快买甘蔗。/甘蔗节打节,/快快买广橘。/广橘一层皮,/快快买金柑。/金柑酸喷喷,快快买金猛[2]。/金猛嵌牙齿,/快快买桃子。/桃子半边红,/快快买吊红。/吊红大舌头[3],/快快买梨头。/梨头一根柄,/快快买老菱。/老菱尖尖角,/快快买六谷[4],/六谷一蓬毛,/快快调年糕。/年糕味道好,/候[5]侬吃个饱,/铜钱我回钞。

新年马灯调[6]

记录者：朱纪法

正月里来马灯跑,马灯越跑越兴旺,阿姆阿婶捞年糕,嗳格仓登哟,阿姆阿婶捞年糕。

新年马灯队除了敲锣、歌唱、跳舞外,还有帮工肩挑空箩,挨家索取年糕。见到吝啬人家拿出坏的或老鼠咬过的年糕。领唱人开始唱不吉词,如《唱年糕》、《捞年糕》等

唱年糕[7]

记录者：王荣兴

步高二边二把刀,啦啊,阿姆阿婶拿年糕;啦啊,盖份人家不张毛[8],拿出年糕老鼠咬。

---

[1]《年画手记》,第37页

[2]金猛：方言,意为石榴

[3]大舌头：方言,意为涩

[4]六谷：方言,意为玉米

[5]候：方言,意为随便

[6]朱纪法：《乡土谚语》,2002年3月,第233页

[7]《浙江民俗》(1981年1月第1期),上海文艺出版社,1991年11月版,第2页

[8]不张毛：方言,意为不客气

年糕口头记忆

捞年糕[1]

演唱者：周玉清　　记录者：金建楷、成风

正月里来马灯跑，阿姆阿婶捞年糕；捞出年糕老鼠咬，盖份人家不张毛。

卖糖歌[2]

演唱者：王美菊　　记录者：王志伟　　供稿者：励明康

甜甜辣辣生姜糖，阴阴凉凉薄荷糖；粒粒足足花生糖，厚厚实实年糕糖；脆脆香香芝麻糖，拉拉会长牛丝糖；三角尖尖粽子糖，长长圆圆春管糖；滚来滚去弹子糖，啥人走拢吃我糖？

婆婆吃我生姜糖，铁倒爬起赛金刚。公公吃我薄荷糖，脚轻手健精神爽；（做）生意人吃我花生糖，开厂开号庇[3]洋房。种田阿哥吃我年糕糖，年年丰收谷满仓。

阿嫂吃我芝麻糖，年轻十年白又胖。后生吃我牛丝糖，姑娘盯牢勿肯放。新娘吃我粽子糖，早生贵子抱儿郎。姑娘吃我春管糖，嫁个美貌如意郎。小囡吃我弹子糖，读书陪明步步高。

长工叹苦经[4]

收集、整理者：沈全昌

十二月里年关近，长工过年愁煞人，手头铜钿呒一文，东家生活排得紧。二十夜，舂年糕，廿一夜，磨米粉，廿二夜，灰仓粪缸要出清，廿三夜，送灶神，廿四夜要掸尘，廿五夜，挑水劈柴糊窗门，廿六夜，鸡鸭猪羊汰干净，廿七夜，拿之年糕三十根，廿八夜，现勿出门白眼睛，廿九夜，回到屋里冷清清，三十夜，扎好篮龟[5]动脑筋，正月初一讨饭出远门。

---

[1]《中国民间文学集成·江北区》，第216页

[2] 新中国成立前小热昏卖糖所唱

[3] 庇：方言，意为住

[4]《慈溪民间歌谣集》，第67页

[5] 篮龟：方言，意为竹篮的柄

慈城年糕的文化记忆

十二个月长工谣[1]

演唱者: 陈荣铨　　**记录者:** 陈　墨

正月节子正月中,新剃头皮白松松,包袱雨伞打打拢,初三一过初四走,肩背包裹去上工,喝侬一杯上工酒,我好比,南山画眉落鸟笼。// 二月节子二月中,新打格柴刀半斤重,上山砍柴到下山,满担松毛比山重,担子撑到道地里,一天堆个小柴篷,东家还骂我是饭桶!// 三月节子三月中,清明一到春雷动,拖犁带耙落田头,秧子出畈黄松松,三朝雨来四朝风,霜打烂秧骂长工。// 四月节子四月中,手拿苗耙下苦功,上畈插秧下畈拔,肚皮饿得胃气痛,多少人家担点心,只有东家屋上烟勿动。// 五月节子五月中,黄梅天气闷烘烘,云缝日头似火烤,蚊虫蠓蚰夹头攻,一夜暴雨洪水到,我长工苦得求天公!——天公!想想我长工多少苦,侬做做好事救长工!// 六月节子六月中,猛火日头晒背脊,口干舌燥汗如雨,一气要割稻廿垄,东家摇扇乘风凉,我要茶水无半盅,还要斜着眼珠骂我太吭用。// 七月节子七月中,天不下雨拜老龙,上畈车水到下畈,十个池塘九个空,大田小田都开裂,晒煞秧苗扣我工。// 八月节子八月中,青菜萝卜样样种,人家是,中秋佳节兴会浓,我长工,起早摸黑哪有空。虫咬菜蔬剩光梗,东家骂我是瘟虫。// 九月节子九月中,重阳黄酒甏开封。东家喝得如关公,倒拢酒脚请长工,假心假意骗劳力,酸酒吃得心口痛。// 十月节子十月中,新谷米饭香烘烘;镬心米饭东家吃,镬边冷饭硬如铜;我长工,三块乳腐搭桥洞,吃块乳腐看脸孔。// 十一月节子十一月中,北风呼呼天地冻,落冻落水我来做,十只手指只只红,东家手捧热火熜,我忍饥熬寒吃西风。// 十二月节子十二月中,大雪纷飞到年终,我三根年糕四只粽,悲悲戚戚回家中。// 请请神龛里厢财神爷,侬身为菩萨太不公!明年侬再叫我去做长工,我劈侬财神生火熜!

[1]《慈溪民间歌谣集》,第69页

年糕口头记忆

十二月风俗歌[1]

演唱采录者：王再春

（正月至十一月略）

十二月里忙过年,掸尘刷灰洗门窗;杀猪宰羊又杀鸡,份份[2]年糕都舂遍。

（流传于浙江奉化）

过年歌[3]

演唱者：郑云风　收集者：麻万候

二十茫茫,廿一煎糖,廿二打糖糕,廿三亲戚跑,廿四打瑜,廿五送长工,廿六走珠岙[4],廿七牵脚燥[5],廿月八扫堂前,廿九好谢年,三十日好过年。

（流传于浙江宁海）

十二月风俗歌[6]

收集、整理者：郑育友

正月初一拜殿门,二月初二放花灯,三月清明祭祖坟,四月农忙麦笛吹,五月端午赛龙舟,六月初六洗狗秃,七月初七送巧食,八月中秋月饼吃,九月重阳喜登高,十月酿酒酒味好,十一月冬至吃汤圆,十二月卅捣年糕。

（流传于浙江瑞安）

十二月风俗歌[7]

演唱者：祝三囡　记录、整理者：李培新

正月捉盲[8]踢毽子,二月长线放鸢子,三月清明做团子,四月看蚕采茧子,五月端午裹粽子,六月双手拍蚊子,七月馄饨裹馅子,八月桂花匀橘子,九月芦棒敲枣子,十月打潭[9]出麦子,十一月绣花做鞋子,十二月打糕杀年猪。

（流传于浙江海盐）

---

[1]贺挺：《宁波市歌谣、谚语卷》,浙江文艺出版社,1991年11月,第213页

[2]份份：方言,意为家家

[3]浙江省民间文学集成办公室,《中国民间文学集成（宁海卷）》,1988年9月版,第126页

[4]珠岙：集镇名,现在三门县境内

[5]牵脚燥：方言,意为休息

[6]《浙江民俗》,1986年12月第4期,第10页

[7]《浙江民俗》,1986年12月第4期,第11页

[8]捉盲：捉迷藏,儿童游戏

[9]打潭,旧时种麦,用工具打一个坑,然后抛下麦种

慈城年糕的文化记忆

老婆子要吃新年糕[1]

年下来到,糖瓜祭皂(灶)。闺女要花,小子要炮。老婆子要吃新年糕,老头子要戴新呢帽。

（流传于河北省石家庄市）

粘粘高[2]

好好好！年来到,贴门神,刮(挂)纸条。姊子推,大娘扫,我也吃俩粘粘高。

（流传于河南省周口市）

▪ 河岸边的石捣臼

年糕传说

打年糕

口述人：周亨茂　　收集人：周亨茂

口述时间：2008年4月　　口述地点：洪塘街道西江村

相传,中国古时候有一种叫"年"的怪兽,头长触角,凶猛异常。年长年深居海底,每到除夕才爬上岸,吞食牲畜、伤害人命。因此,每到除夕这天,村村寨寨的人们扶老携幼逃往深山,以躲避年兽的伤害。这年除夕,年兽闯进村。它发现村里的气氛与往年不同：受高人指点,家家户户门贴大红纸,屋内烛火通明。年兽浑身一抖,怪叫了一声,向一户人家扑过去。将近门口时,院内突然传来"噼噼啪啪"的炸响声,年浑身战栗,狼狈逃窜。欣喜若狂的乡亲们为庆贺劫后余生,纷纷换新衣戴新帽,碾磨粮食蒸制糕点到亲友家道喜问好。这种因庆祝战胜怪兽年而诞生的糕点后来得名为"年糕"。

[1]《中国地方志民俗资料汇编》(华北卷),第95页
[2]《中国地方志民俗资料汇编》(中南卷),第151页

年糕口头记忆

慈城年糕进贡[1]

讲述、整理人：佚名

相传南宋初年，金国人大举侵犯江南，朝廷像受惊的鸟群四处逃遁。小康王被一小队卫兵簇拥着逃至浙东慈城（时属慈溪）一带，整日里东躲西藏，十分狼狈。有一天夜里，小康王走到城外躲藏，好不容易熬到天明，肚饥身寒，忽见前方不远处一户农家升起缕缕炊烟，围墙内水汽飘散，又隐约传来似歌非歌的号子，当下派人过去要求进家息脚。农户一家听说皇上驾到，诚惶诚恐，跪拜在地不肯起身。

虽说是落难潦倒，但毕竟是当朝天子啊！小康王这时也顾不得纲常礼仪，叫人扶起农户一家，忙问有否吃的可充饥。农户想来想去，这战乱年月，家里哪里还有什么像样食物可招待皇上的呢。正急出一身冷汗，倒是小康王随口问道："朕刚才闻听朗朗歌声，尔等在做什么？"。农户答："舂年糕！"小康王问道："何为年糕？"农户紧张得支支吾吾说不清楚，只好边讲解边示范，抡起檀树舂棒往石捣臼里的米面团边舂边唱："嘿吆嘿呀！舂舂年糕，苦尽甜来年年高……"农人将捣臼中的米面团边撑边舂，渐渐地，米面团越舂越软，越舂越滑溜，香气四溢，直扑小康王面孔，看得小康王口水直打转，肚子咕咕直叫。农户这时候也忙活完

[1]《慈城年糕原产地标记注册申报材料》，第3页

■ "琴棋书画"年糕模板

毕,见状也悄悄乐了,想:"嘿!干脆拿现成年糕团应付得了。"于是从捣臼内挖了火热年糕团,裹了自家腌制的咸菜,双手捧给皇上。小康王也顾不了帝王尊贵,大口吃将起来。哇!这味道又糯又香,不粘牙齿,越嚼越香,越嚼越鲜!宫廷各式御膳,还从来没有比得过这香糯、滑爽的年糕团!当下叫随从将捣臼内剩下的年糕团全部起出带上。

不久,战火平息,小康王回到了杭州,又沉湎于歌舞升平、花天酒地之中,把这段经历忘到脑后。倒是其中的一随从文官将小康王吃年糕团经历绘声绘色地记录下来,并收入御膳房进贡备品目录。

状元糕的故事[1]

口述人:龚滋耀　收集人:钱文华
口述时间:1985年8月　口述地点:慈城镇龚冯村

年糕在慈城也叫状元糕,据说与"三娘教子"中的三娘有关。

相传,南宋年间,慈溪城里完节坊附近有一户薛姓大家,由于信差谋取了薛老爷的银子并谎称老爷去世,害得薛老太悲伤而逝,而大太太、二姨太又守不住寂寞与清贫,席卷家里的细软离家而走,薛家仿佛陷入了树倒猢狲散的困境,薛老爷的三姨太怜惜薛家的唯一骨肉,二姨太的儿子——倚哥,留了下来。

三娘晓之以理,动之以情,终算让娇生惯养的倚哥痛下决心读书。然而薛家实在太穷了,三娘一时拿不出值钱东西来奖赏将要上学的倚哥。

开学的第一天,三娘早起三更,从年糕甏里捞起一根因发酵而变红的年糕,嗤噗嗤噗弄了好几个时辰。年糕在水里已浸了半年多,天热,年糕浸在水里要发臭了,三娘一次又一次勤换水,她就是舍不得吃,一心指望着年糕好派

[1]《慈城年糕原产地标记注册申报材料》,第20页

年糕口头记忆

上大用场。这一天三娘煮了一大块糖年糕,年糕耐饥,倚哥吃了去读书不会饿,三娘痴痴地想。

那天清晨,常与三娘顶撞的倚哥也变得乖了,边吃年糕边听三娘的叮嘱,老管家见此情景,打心眼里替三娘高兴,就对三娘说:小公子吃了年糕,将来一定会高中状元。

不知真是年糕的功劳,还是三娘教子有方,以后的日子,倚哥是夏读三伏,冬诵三九,从秀才、举人,一直考上了进士。

落难书生倚哥吃年糕考中进士的消息一传十,十传百,传遍了小城,渐渐地慈城流行起读书郎吃年糕的风俗,到了明朝姚镆之子姚涞高中状元,读书郎吃年糕的风俗更加盛行,有的人干脆称年糕为状元糕。

水糕、腊糕[1]

讲述、整理人:佚名

宋代方腊领导的农民起义军,深受台州百姓的爱戴。至今台州民间每到年底,家家都把年糕浸在水里,称"水糕",也叫腊糕。

据传,宋代方腊领导的农民起义军逼近台州城时,正值年关,军中粮食已尽,军士都希望赶快进城搞点吃的。方腊想到城中百姓一年辛苦,应当让他们过一个安乐的新年,所以仍率部屯居乡间,以糠菜为粮。城中百姓早听说起义军要到,准备用年糕慰劳,可总不见来。百姓怕年糕放久了变质不能吃,就把年糕浸在水里。从此,相沿成习。

(流传于浙江台州)

---

[1]《浙江风俗简志》,第531页

慈城年糕的文化记忆

卖切糕人的传奇故事

口述人:曹保明 男 61岁 中国民协副主席、吉林省民协主席

口述时间:2010年10月

口述地点:宁波远洲大酒店

年糕在东北也称切糕,有一个卖切糕人的传奇故事发生在晚清。

据说从前东北有个卖切糕的人手艺非常高,他做的切糕是由东北的黄米磨成粉,然后再放上帘子和屉布子,放在锅里蒸。蒸时,撒一层(黄米)面,撒一层水,最上面撒一层红豆、花豆,民间叫"大豆儿"。做好后,切着卖,所以叫切糕。

这个卖切糕的人,在当地很有名气。一年冬季的一天,他和往常一样出门卖切糕。有个人买了他八斤切糕,却硬说是五斤。当时东北人卖切糕,现场就给买主糖,买主蘸糖就可以吃。这人买切糕后也是蘸上糖把切糕吃了,吃完说买的是五斤。卖切糕的一听就来了气,你明明买的是八斤,怎么偏说是五斤,他越听越来气,举刀就把那人给杀了。之后,当场开膛破肚,把切糕拿出来一称正好是八斤……但这卖切糕的犯了杀人之罪,因此被判死刑,单等秋后开斩。再说当年,李金镛任长春县衙县官。这时期,俄国人正不断越过乌苏里江侵略中国领土,尤其是到漠河老金沟一带偷着淘金采金,肆无忌惮,无恶不作。当时的朝廷想派一批人去治理漠河金矿,收复失地,镇守边疆。派谁呢?派的就是李金镛。当时在长春做了几年县衙的李金镛明白:朝廷撕不开脸面,也没有国力与俄国人硬拼。李金镛思来想去,他想到一个杀鸡给猴看的办法。于是,李金镛让狱头拿出一些死刑犯的案卷供他参阅。当他看到卖切糕人的案情时,李金镛灵机一动,便让狱头带他去大牢,他要见见卖切糕

年糕口头记忆

的人。

再说,卖切糕的一听县老爷要来看他,有些激动。

李金镛一见卖切糕的,便开门见山地说:"兄弟,我要向你借一件东西。"

卖切糕的一听,忙说:"老爷,我都是要死的人了,借什么都可以!脑袋也行!"

李金镛也有些激动。说:"我要借的,正是你的脑袋。但借你脑袋是振我国威,赶跑俄国侵略者。"

接着,李金镛单独向卖切糕的说出了他的安排,并嘱咐人一定料理好卖切糕人的后事。

几天后,卖切糕的便穿着清廷七品官的官服悄悄跟随李金镛大人来到漠河。

再说那时,在李金镛等人没到漠河之前,漠河早已传开,说朝廷派了重臣要员来整治漠河老金沟,但俄国金匪却不屑一顾。他们互传:"没事,清朝官员都是些腐败的家伙,他们不会有什么高招。"

从长春到漠河有一千多里路,李金镛靠耙犁走了三个多月,终于在这年开春到达了漠河。

到了漠河这天,一些官员设宴招待李金镛等朝廷大员,漠河各阶层要员也都来参加,其中有俄国的外交官员和一些商人。这些俄国官员、商人有的坐在桌子上,有的叼着老袋烟嘻嘻哈哈,根本没把李金镛等朝廷命官放在眼里。

这时,李金镛一行人走进屋来。就见李金镛双手一抱拳,提高嗓门说:"各位朋友,诸位客商,我大清欢迎诸位前来经商、淘金、做买卖,我们会成为好朋友。但有一点我可挑明了,大家来谋生,我一律欢迎,但要遵守我大清的律法。淘金上税,挖金缴租,做买卖公平交易,这便是我们真正的朋友。但如果有人不遵守我大清的律法,胆敢胡作非为,那可别怪我不客气……"

慈城年糕的文化记忆

　　他的话音刚落,便给卖切糕的使了一个眼色。那卖切糕的也早已心领神会。他故意一抬胳膊,只听"哗啦"一声,桌子上的一个酒杯被碰掉在地上,立刻摔得粉碎。李金镛一看,当时一拍桌子,大声怒斥道:"大胆!你当着这么多贵人的面,竟敢把酒杯碰掉在地上,给我拉出去!"

　　这时,立刻上来两个士兵不由分说,架着卖切糕的,连拖带拽拉了出去。只听卖切糕的一路叫喊:"老爷饶命啊……老爷饶命啊……"不一会儿,只见两个士兵提来一个血淋淋的人头,"咣当"一声放在盘子上。但见那人头还冒着热气,头上还戴着官帽。

　　在场的人全都吓傻了,俄国人更愣了,全站了起来。他们互相打听被杀者是多大的官,是几品等等。当听说被砍杀者是七品朝廷命官,说杀就杀了时,俄国人都惊恐万状,一个个撒腿就跑,生怕跑得慢。从此,李金镛收复漠河金矿,智退俄匪的故事就在民间流传开了。

　　那个卖切糕人的传奇故事也在东北的民间流传下来,已有一百多年了。民间都夸李金镛退敌有谋,以智慧震慑了猖狂的侵略者,但老百姓也从来没忘记长春这个卖切糕的人奇特的人生经历。

(流传于吉林长春等地)

手工年糕传承

SHOUGONG NIANGAO CHUANCHENG

　　这些以慈城文化为基础,以年糕文化为载体的项目与活动,既可保护传承传统手工年糕的技艺,又可以展现千年古县城独特的文化魅力,从而使慈城年糕这一非物质文化遗产能在全球化和社会转型进程中得到保护、传承和利用。

手工年糕传承

手工慈城年糕的制作因年糕机械化制作而基本消失。这里的基本消失是出于三个原因的考虑,一是每届中国(慈城)年糕节,有做手工水磨年糕活动;二是偏僻的山区有做手工年糕的可能。自2007年起,笔者通过从古玩市场收集来的大量年糕模板发现:昔日的年糕模板今已成为古玩收藏交易品。前述手工年糕制作消失在机器年糕生产之后,本来农村的各家各户还藏有手工年糕制作器具,如今可能因新农村建设而翻出最后的箱底,据此推断,目前只有偏僻的山区可能做些手工年糕;三是慈城的宁波市江北慈城灵桥油料加工场有生产水磨手工年糕的说法,但没有传统的印花年糕。鉴于此,手工年糕技艺传承任重而道远。

早在2003年,中国文联副主席、中国民协主席冯骥才先生在给慈城的宁波江北冯恒大食品有限公司的一封信中写道:"年糕是我慈城的食文化的历史名牌,亦是先人留给我们的遗产。冯恒大更是驰名百年,希望你们珍惜这笔财富,发扬光大。"2007年,到宁波江北指导文化大区建设工作的冯骥才主席重申了慈城年糕的文化内涵,并建议将慈城年糕申遗。2009年,宁波慈城水磨年糕传统技艺被列入第三批浙江省非物质文化遗产项目,那么手工年糕将如何在千年古县城——慈城传承呢?

慈城年糕的文化记忆

中国的改革开放带动各行各业的突飞猛进,当然也给慈城年糕的发展带来契机,加速了机制替代手制的进程。以妙山年糕为例:

手工年糕的消失轨迹

口述者:胡惠珍 83岁 妙山良种场退休职工
　　　　汪祖明 54岁 妙山良种场场长
　　　　胡金芳 46岁 宁波市慈城塔牌食品有限公司
　　　　　　　　　　经理

口述时间:2009年9月

口述地点:慈城妙山

20世纪70年代末,台湾生产的张立生年糕打入香港市场。当时在香港南货店当伙计的林德荣先生由买卖台湾年糕想到家乡的宁波水磨年糕。林德荣是鄞县人,借回宁波探亲之机开始寻找规模制作年糕的企业。1980年10月,林德荣慕名来到阿拉妙山良种场,看到慈城年糕的机械化生产场景后,十分高兴,说了句:"终于找到正宗宁波水磨年糕了。"回去时带了一批机制年糕到香港试销。

一年后,林先生再次来到慈城。这次来,他的身份变成了香港宁波土特产公司经理,并与阿拉农场洽谈妙山年糕供港合作事项。当年就谈下了500瓮年糕生意。不要小看这500瓮年糕,这可是慈城年糕重新迈出家门走向海外的开创。

这一年的腊月,大约是1981年,阿拉良种场像嫁媳妇一样热闹,年糕装瓮,以前从来没这样卖过,农场没有现成的缸瓮,怎么办?场领导想到慈城酒厂的酒埕,就借了500多只酒埕用来水浸年糕。瓮装水浸年糕最麻烦的是封口。

手工年糕传承

口封不好,水漾光[1],年糕到了香港就要发霉,慈城有传统封甏口的方法,即用猪血拌水泥、沙泥封口。这一年,农场提前杀了一头猪。嘿,这办法也蛮灵,口封好后,一滴水也勿漾出,在封好口的甏口放一张书有"恭喜发财"的红纸,甏体上再贴一张书有"恭喜发财"和厂名的红纸。据说,酒埕装的宁波特产年糕到了香港后,很受欢迎,尤其是受在港的宁波人欢迎。

■ 上世纪80年代,这些年糕模板所印的手工年糕销往香港

香港人特别讲究吉利,有一年,林先生提出每只年糕甏内放一对元宝年糕,好让买年糕人打开缸甏就能看到元宝,元宝即"发财",为的是讨个好彩头。既然香港客商有要求,场里就请年纪大的农民捏做了许多元宝年糕。香港有不少宁波人,还有慈城人,他们想要买印花年糕,林先生带来这个信息。印花是手工年糕的最后一道工序。

手工年糕已好几年没做了,场里又没年糕模板。阿拉场里有妙山人,消息一传开,有的职工带来了年糕模板。这

慈城年糕的第一注册商标——塔牌年糕

[1]方言,水溢出之意,漾即为溢

231

慈城年糕的文化记忆

时候,场食品厂又恢复做手工年糕,除了自己职工外,还请了妙山的老人来做。差不多辰光,香港人还需要年糕干。场加工厂就让职工将机制年糕条切成薄片,晾成年糕干,销往香港。后来,需求量大,职工自己切勿及[1],就外发给妙山村村民切,晾干后,再由加工厂收购统一包装销往香港。做手工年糕和切年糕干都是老底子[2]的事,上了年纪的人都会做,只有林先生要好了,阿拉总有办法,所以这位伙计老板的生意越做越大,不但将先在香港上市的台湾年糕挤出香港市场,而且还将慈城年糕打进了台湾市场。

与香港人做生意叫做外贸生意,而做外贸生意要有牌子,场食品加工厂还将慈城彭山塔为图标申请注册商标,就是取过面的那座彭山塔,以"塔"字将慈城年糕冠以"塔"牌之名。取塔牌名称,更激发了在香港宁波人的思乡之情,因为彭山塔过去是乘火车来到宁波的第一标志。据说有不少港台同胞正是因为吃了慈城年糕而回宁波探亲。应昌期也回来投资造学校了,不知是否与年糕有关。

就这么做"恭喜发财"年糕、元宝年糕、花样年糕、切片年糕……我们宁波良种场的慈城年糕又通过香港和上海转口,远销到美国、加拿大、新加坡、澳大利亚等国家……

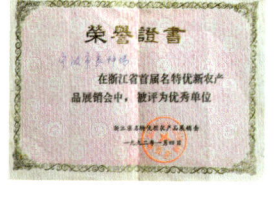

■ 宁波市良种场生产的慈城年糕首次获奖

宁波市妙山良种场场长、职工等人回顾了慈城年糕的机器制作过程,笔者将这一口述资料注加了"手工年糕的消失轨迹"的标题,显而易见,机器年糕的出现、发展最终将导致手工年糕的消亡,使之成为遗产。应该说,工厂机械化生产以后,慈城年糕出现了规模化、产业化的良好势头。1988年,宁波市妙山良种场食品加工厂外销年糕、年糕片1000余吨,创汇42.31万美元。江北慈城年糕的外贸之路被时任浙江省副省长的李德葆赞为国家的"星火计划"典范之一。[3]1989年,该场食品加工厂改名为宁波市良种场慈

---

[1]切勿及:方言,意为来不及切

[2]老底子:方言,意即过去

[3]据宁波江北历史大事记

手工年糕传承

食品厂。之后,宁波市良种场因慈城食品厂生产的慈城年糕热销,在浙江省首届名特优新农产品展销会上被评为优秀单位。1993年,通过国家工商行政管理局注册,"塔牌"水磨慈城年糕正式命名。之后,慈城年糕开始在宁波设特约经销点。

■ 慈城年糕在宁波日报上刊登的广告

以妙山年糕为龙头的慈城年糕,现已进入品牌生产阶段,与传统的阿四年糕不同的是,这些品牌均通过国家工商行政管理局注册。目前,慈城年糕这一传统食品比较著名的品牌有塔牌、慈城牌、义茂、冯恒大、如意、五谷、灵桥、庄永大、河姆渡、绿藤和吉象。慈城现有年糕生产企业20余家,其中规模较大的有10家,包括由宁波市良种场食品厂改制重组的宁波市慈城塔牌食品有限公司、宁波江北义茂食品有限公司、宁波江北冯恒大食品有限公司、宁波江北如意粮油食品有限公司、宁波市江北五谷食品厂、宁波市江北慈城灵桥油料加工场、宁波市江北慈城庄永大年糕厂、宁波市江北五粮食品有限公司、宁波市江北慈城绿藤年糕厂和

■ 胡大爷示范手工年糕制作技艺

233

慈城年糕的文化记忆

慈城年糕注册商标总汇图

手工年糕传承

宁波江北慈城吉象粮食制品厂。据统计，2008年，慈城镇年糕产量达1.5万吨，其中三分之一外销北美、欧洲和亚洲等20多个国家和地区，年销售额近1.5亿元。[1]

机械制作的慈城年糕还通过实施品牌战略的现代经营理念来做大做强年糕产业，而这一举措又使年糕逐渐丰富了人们的主食结构。与此同时，手工慈城年糕基本消失而成为千年古县城的非物质文化遗产。

表7：慈城年糕传承记事

序号	事件	时间	执行部门
1	慈城年糕又有三吨运往香港	1983年2月9日	宁波市良种场
2	慈城年糕第一个商标在国家工商行政管理局注册	1993年	宁波市慈城塔牌食品有限公司
3	宁波媒体刊登"慈城年糕"广告	1994年12月19日	慈城年糕生产企业
4	粳米创汇产品深加工新技术研究	2000年4月	宁波义茂食品有限公司、万里学院
5	送制作慈城年糕的粳米到中国水稻研究所检测	2001年1月19日	宁波义茂食品有限公司
6	年糕生产企业嫁接百年"老字号"	2002年2月	宁波江北冯恒大食品有限公司
7	慈城年糕获国家科学技术部星火计划项目	2002年	江北义茂食品有限公司
8	中国文联副主席、民协主席冯骥才先生称："年糕是我慈城的食文化的历史名牌，亦是先人留给我们的遗产。"	2003年2月20日	宁波江北冯恒大食品有限公司
9	蔬菜营养年糕新鲜出炉	2002年10月9日	江北义茂食品有限公司
10	成立慈城镇商会年糕同业公会	2003年8月	慈城镇
11	中华人民共和国地理标志保护产品（原国家原产地标记保护）	2003年9月12日	慈城镇

[1]数据由慈城年糕同业工会提供

续上表

12	举行中国·慈城首届年糕文化节	2003年10月3日	慈城镇
13	筛选年糕专用稻米1、2号品种	2004年3月8日	江北区农林水利局
14	以清末年糕作坊——"荘永大",注册创办宁波市江北慈城荘永大年糕厂	2004年4月	宁波粮机厂
15	"慈城年糕"生产标准通过会审	2004年12月10日	慈城镇
16	慈城年糕入上海大世界基尼斯之最	2005年1月1日	慈城镇
17	创办第一个手工年糕企业陈列馆	2006年7月	宁波江北冯恒大食品有限公司
18	慈城镇获"年糕之乡"称号	2007年1月10日	慈城镇
19	冯骥才先生指导江北文化大区建设,建议慈城年糕申报国家非遗名录	2007年10月	中共江北区委 江北区人民政府
20	慈城年糕申报"国家级非物质文化遗产名录"工作启动	2007年11月2日	江北区委宣传部
21	慈城年糕列入宁波市第二批非物质文化遗产名录	2008年6月	宁波市人民政府
22	宁波义茂食品有限公司、宁波慈城塔牌食品有限公司等参与国家商务部有关"宁波水磨年糕"行业标准的起草	2008年12月12日	国家商务部、慈城镇
23	制订《宁88年糕专用稻米》地方标准	2009年1月18日	宁波市农业局 江北区农林水利局 江北区质监江北分局
24	慈城年糕列入浙江省第三批非物质文化遗产名录	2009年上半年	浙江省人民政府

面对渐渐消亡的手工年糕,江北区、慈城镇两级行政部门,年糕生产企业,有识之士并非漠视手工年糕的消失,而是采取了一系列措施以保护这一非物质文化遗产,表7列举的是近二十年围绕慈城年糕生产、发展而做的一些事件,从中可以发现江北区农林水利局、慈城镇人民政府和年糕

手工年糕传承

生产企业等齐心协力来保持慈城年糕品质的纯正性。首先是通过原产地保护和行业标准来规范年糕这一传统产品的生产经营,以保持慈城年糕的柔滑细腻、久煮不糊的品质。2003年,慈城年糕通过国家质量监督检验检疫总局的"原产地标记";2005年,慈城镇年糕同业公会牵头制定的《宁波慈城水磨年糕地方标准》填补了国内同行业空白,2006年,慈城镇被命名"中国年糕之乡",2008年被指定起草《全国年糕行业标准》。

其次是选用最好的原料,即优质粳米和水源来做年糕。众所周知,慈城年糕是因水磨年糕而著称。而水磨年糕的灵魂是这个"水"字。除了"筛选、确定优质年糕专用米稻","年糕专用稻米实施标准化"以提供优质稻米年糕外,水作为年糕主要原料,也是举足轻重,而慈城的英雄水库、五婆湖水库和毛力水库是生产慈城年糕的优质天然资源。

保护传承

上述的慈城年糕传承现状,虽然有出于经营生产的考虑,但最终的目的是为了保持这一传统食品的纯正性。目前,慈城年糕的一些生产企业签订年糕专用稻米种植基地合同,这样做自然提高年糕的生产成本,削弱慈城年糕竞争的价格优势……在追求速度、规模以及效益的全球化经济格局下,慈城年糕面临着"保护"与"利润"的两难,在诚信缺失、信用失位、信心不足的经营困难中,慈城年糕首先面临是食品添加剂的挑战。

年糕之所以能源远流长,流传至今,除了一直是人们的年节食品,还因为其是人们喜爱的主食。经久流传的东

慈城年糕的文化记忆

■ 今日的年糕甏成了另一道风景

西自有其价值,慈城年糕仍然是当今的华人世界过中国年的重要食品,2008年,约有5000万吨的慈城年糕出口北美、欧洲和亚洲等20多个国家和地区,这自然是慈城年糕的独特文化魅力所决定的。然而在文化被作秀或者矫情地成为一种幌子的无意识思潮中,慈城年糕必将要面临"被作秀"抑或"被成为幌子"的问题。

上述的两个问题提醒着人们,保护慈城年糕刻不容缓。

慈城年糕的另一魅力是印花艺术。印花艺术包含印花、制作的两道手工艺术,前者是模板的雕刻手艺,后者是塑米手艺。目前这两类手工艺人已越来越少,笔者做慈城年糕的田野调查,在收集年糕模板的几年中,试图找到雕刻年糕模板的工匠,却久寻不遇;手工年糕制作人也是如此,大多已为鹤发老人,好在手工年糕的制作者是广大农民,他们的后代自幼参与父辈们的手工年糕制作,因而在慈城至少还有合作制作、作坊制作、合作与企业混合三大

手工年糕传承

类的传承形式,详见表8。

合作制作传承是慈城年糕制作最普遍的一种,一般有两种形式,一是农民家庭的代代传承,以三勤村农民徐根源为例,今年88岁的徐根源自幼随祖辈做年糕,并无师自通,传承了乡邻捏鱼、羊、猪、鹅等动物的米塑手艺,然而如今却没人传承徐根源的手艺。一是非农户的代代传承,以妙山楼增良为例。楼家世居妙山楼家堰,二十世纪三十年

表8:慈城手工年糕传承类别

传承类别		此前	第一代	第二代	第三代
合作制作	传承代表人姓名	徐氏曾祖	徐桂发	徐长荣	徐根源
	传承年代	20世纪之前	20世纪20年代前	20世纪二三十年代	20世纪30—70年代
合作制作	传承代表人姓名	请农民到家里,自备年糕模板		楼履新	楼正梁
	传承年代	20世纪之前	20世纪二三十年代	20世纪四五十年代	20世纪50—70年代
作坊传承	传承代表人姓名	庄氏家族	庄品生	庄嘉财	庄国平
	传承年代	19世纪	19世纪末至20世纪30年代	20世纪四五十年代	20世纪60年代
农民到农场传承	传承代表人姓名	半浦乡村民	胡开万	胡惠珍	胡金芳
	传承年代	19世纪	19世纪末至20世纪30年代	20世纪四五十年代至七八十年代	20世纪80年代
农民到企业传承	传承代表人姓名	温州乐清农民	俞学田	俞士求	俞伟国
	传承年代	20世纪之前	20世纪二三十年代	20世纪30—50年代	20世纪六七十年代至新世纪初

慈城年糕的文化记忆

■ 梅兰竹菊主题年糕模板

代,强盗扰乱楼家堰,楼增良的爷爷迁居县城慈城。进城后的腊月,楼家是请农民做年糕,十年后,楼父返回老家,腊月便与邻居合作做年糕,并置办了年糕模板,楼增良与乡邻合作做年糕一直到机器年糕的出现,楼家的手工年糕传承是一种请人制作与邻里合作兼容的形式。慈城年糕的作坊传承,以"庄永大"最为典型,详见前庄国平口述资料。慈城年糕的传承形式还由合作制作到工厂化制作的发展,分为本地农民合作制作到工厂化制作,本地与外地农民的合作制作到工厂化制作两种。表8所示的三类五种传承形式,除了俞伟国创办的年糕企业还制作少量的手工白条年糕外,已基本不制作手工年糕了。

2009年,慈城年糕被列入浙江省第三批非物质文化遗产名录,之后,还要申报国家级非物质文化遗产名录,无论

手工年糕传承

其结果如何,保护和传承这一非物质文化遗产,使之成为宝贵的国家文化财富,想必这是当代人的共同意识,也是当代人的共同责任。目前,全国已有1028项非物质文化遗产进入"国家非物质文化遗产名录",然而"只重申请,不重保护"似乎成了各地的"非遗现象秀",慈城年糕该如何避免重蹈覆辙呢?2003年10月17日,联合国教育、科学及文化组织在巴黎举行第32届会议,通过《保护非物质文化遗产公约》。对照公约,目前的手工慈城年糕已面临损坏、消失和破坏的严重威胁,笔者认为,关键要保护并传承慈城年糕民俗文化与手工技艺。

根据公约的条文,就慈城年糕而言,需要保护的至少有四项内容。

一、制作的传统手工艺;

二、制作与饮食习俗,包括岁时的祭食习俗;

三、手工年糕制、祭、食等过程所产生的文化;

四、年糕模板的收集、保护、研究、展示和创新。

根据公约的精神,上述保护内容可以通过确认、立档、研究、保护、宣传、弘扬、传承和振兴等措施来实现。就慈城年糕的地域性、专业性、大众性和艺术性,年糕的保护、传承具体可以通过与年节等传统的节日,慈城古县城保护开发,新农村建设等诸方面的结合加以实施。

与我们的节日结合 目前,年节被冠以"我们的节日"正越来越回归传统而温暖我们的心灵。年糕本来是年节的产物,自然也该回归传统,恢复年糕的手工制作。在中国年糕之乡的慈城没有手工年糕作坊不能不说是种遗憾。目前,在慈城,年产量达到1.5万吨的年糕产业,居然没有利用年糕的文化去开发类似手工印花年糕,也不能不说是一种遗憾。笔者认为,历史的发展有其自身的规律,也是客观存在的必然结果,那么机器制作替代手工制作是社会发展、科技进步的必然结果,在不可能全部采用手工制作的条件下,是否可以采用机械与手工结合的方式来传承慈城年糕文化呢? 首先要恢复(建立)一个慈城年糕传统手工作坊,定期演绎式制作手工年糕,以全面保护与传承这一农耕文明的文化符号;二是机械年糕工艺化,利用科技进步的工艺,利用各式各样的年糕模板,采用前机械后手工的制作技艺开发慈城印花(花样)年糕。

与慈城的保护结合　　自2001年以来,宁波市政府作出了挖掘慈城千年文化底蕴、塑造宁波城市文化品格、彰显宁波城市个性的重大战略决策,并出台了一系列的政策措施,全面启动了慈城的保护开发建设。通过几年的努力,"江南第一古县城"的慈城已渐显"儒魂商魄"的历史风貌和文化特色。众所周知,慈城古县城保护的同时也旨在推动古城的旅游产业,那么,年糕作为古城独特的传统食品,是否可以发挥其独特的人文魅力,使之其成为旅游五要素之吃、购两大要素的特色产品呢?

比如,可根据慈城的"拗孟公"传说,开设"拗孟公"趣味年糕店,将做、吃、购融于一店。做,即为制作手工年糕,将此设计成游客体验性的旅游项目,动手过把瘾,让老年游客怀旧,让年轻游客重温,让少年游客快乐半天或更久;吃,将游客自做的年糕烹饪成各色小吃,让游客在享受口福中体验传统文化;购,即在游客离开前让其选购各式各样的印花年糕。

与文化的交流结合　　慈城年糕是中国年糕的一种样式,可根据《保护非物质文化遗产公约》,在不违背国家法律规定及国际习惯法和公约的情况下,可以年糕为纽带开展国际性、区域性的合作和文化交流。

中国宁波与日本一些城市有诸多的文化渊源,浙江慈城也是如此。慈湖文化遗址出土的木屐曾让日本人到慈城

手工年糕传承

■ "暗八仙"年糕模板

朝圣;清代慈溪(今慈城)书画家梅调鼎的作品流传到日本后,经晚清朝第一任驻日公使中副使张斯桂[1]和著名书法家、历史地理学家、目录版本学家杨守敬共同推介,震动了日本书坛,而被誉为"清代王羲之"[2];大约在1870年,慈溪王氏兄弟东渡日本,边做生意边与日本文人诗文和唱,留下了中日文化交流的佳话。前述日本的年节与中国的年节有着差不多的习俗,且有过年做年糕的风俗。这样有着共同文化渊源的两国,可以开展年糕文化海外活动。活动还可以拓展到韩国、新加坡等亚洲国家。当然,全国各地年糕文化的交流活动可以从内地到海峡两岸,或者到世界的华人圈。

与年俗的文化结合 慈城素有"慈孝之乡、儒学重镇、望族盈城,进士比肩"之说,还有"冯家屋,俞家谷,钱家吃"之说。传说中的冯、俞、钱是古城的三大家族。慈城望族的过年习俗独特而庄重,可以将上述的岁时敬神祭祖演绎成古城的旅游项目。笔者认为,综合慈城文化的要素,以三大家族为载体,以年节等传统节日为主线,以厅堂设天地桌谢年祭祖、祠堂搭台唱戏敬神、书房挥毫泼墨吟诗等场面,串成"慈城望族文化旅游线"。除了年节外,立春、端午、中秋、重阳等传统节日都可以演绎,可以采用目前让农民上台演戏的流行手法,让慈城人演绎慈城人的生活,这样真实自

---

[1]张斯桂,宁波庄桥(时同属慈溪县)人

[2]《风流千古说慈城》,第137页

慈城年糕的文化记忆

然,也能吸引大众参与慈城的保护开发工作。

与新农村的建设结合 年糕的原料为稻米和水,来自农业生产。年糕的原产地保护、年糕的非物质文化遗产保护,自然而然地要实施原料的原产地,或者说生产基地的保护。《保护非物质文化遗产公约》明确:要意识到保护人类非物质文化遗产是普遍的意愿和共同关心的事项。因而在实施时,可以将原料基地的保护纳入各村新农村建设规划之中,或者说制订年糕非物质遗产保护规划时增加有关村庄新农村建设内容。社会主义新农村的目标为建设生产发展、生活富裕、乡风文明、村容整洁、管理民主农村。年糕专用稻米的生产首个指标是无公害,其次才是整米率、垩白率等诸如农艺技术指标,而这些指标恰恰与栽培管理、栽种土地、种植环境有关;同样,年糕制作的另一原料是水,水和水源不也是如此吗?因此,与新农村建设结合,对慈城年糕的非物质保护能起事半功倍的作用。

与非遗项目的结合 年糕模板是年糕文化最亮丽、最独特的民间美术。据笔者的田野调查:目前,民间年

■ 暗八仙印花手工年糕

手工年糕传承

糕雕刻艺人过世的过世,改行的改行,民间年糕雕刻技艺已濒临失传。因而慈城年糕的保护与传承,既要保护、传承慈城年糕的手工技艺,还要保护与传承年糕模板的木雕技艺,首先普查民间模板雕刻艺人,抢救他们的手工艺术;二要广泛收集慈城年糕的印花模板,并开展相关的研究;三要采用现代手段保护记录民间表情的年糕模板。年糕模板相对其他收藏品,其更趋向平民化,收藏价值低,因而损坏严重。据笔者收藏的年糕模板来看,这些有着几近百年历史的木制品有的遭受了虫蛀,有的霉变腐烂,收集、保护显得至关重要。

宁波朱金漆木雕是国务院公布的首批国家级非物质文化遗产名录,笔者认为年糕模板的保护可以与宁波朱金漆木雕这一非遗项目的保护相结合,从人、物和艺全方位加以保护和传承,从而使印花年糕在传承中创新,在创新中发展。

综上所述,这些以慈城文化为基础,以年糕文化为载体的项目与活动,既可保护传承传统手工年糕的技艺,又可以展现千年古县城独特的文化魅力,从而使慈城年糕这一非物质文化遗产能在全球化和社会转型进程中得到保护、传承和利用。

慈城年糕是宁波水磨年糕的一种。笔者在做慈城年糕的田野调查中意外地发现,宁波水磨年糕在全国的饮食文化中有一席之地,宁波水磨年糕以其独特样式而立中国年糕文化之"林",以宁波水磨年糕和苏州糖年糕为代表的年糕饮食文化,是江南稻米粉食文化的"典范"。中国年糕丰富多彩,又因各地的岁时风俗又各不相同,中国年糕与传统的年节相辅相成,是农耕文明的文化符号之一,是中华民族创造的宝贵精神财富。虎年开春,国务院参事、中国民间文艺协会主席冯骥才提出,我国应该把春节放在申请世

慈城年糕的文化记忆

界非物质文化遗产的首位。"无论是文化规模,还是精神内涵与意义,春节都是中国民族'最大'的非物质文化遗产。"中国年糕与传统的年节是因华人逐渐走向世界而在世界各地传播,尤其是年糕这一节日食品于清代传到亚洲的日本、韩国。笔者认为,倘若完成国家级申遗,可以将年糕与年节认作一个主题,进一步挖掘、研究年糕文化、年俗文化各自的内涵,以及内在联系,表现形态;进一步挖掘、研究年糕文化、年俗文化在全国的民俗风情,继而向联合国申报世界非物质文化遗产,这可以避免重蹈"端午祭"的覆辙。端午祭是中国首创却被韩国抢先申报的世界非物质文化遗产,可以说"端午粽子"为中国春节与中国年糕申遗敲响了警钟。

■ 池沙鸿创作的《慈城打年糕》(2008 年)

附录一

附录一 历代方志中记载的年糕*

一、华东卷(六省一市)

序	记载内容	方志名称	主要原料	制食岁时	现属地区	页码
1	二日食年糕,曰"撑腰"	《姑苏志》(六十卷,明嘉靖间刻本)	糯米	二月	江苏省苏州市	369
2	其食,春盘、春饼、节糕	《嘉定县志》(二十二卷,明万历三十三年刻本)	糯米或粳米	正月	上海市	53
3	磨粉和饧煌为糕,曰"年糕"	《湖州府志》(五十卷,清乾隆四年刻本)	糯米	腊月	浙江省湖州市	736
4	岁时既竣,各家蒸糕圆(糕,名"年糕";圆,取团圆)	《武康县志》(八卷,清乾隆十二年刻本)	粳米	腊月	浙江省嘉兴市	724
5	二十五、六,各家扫屋宇,备年糕、酒果相馈送,谓之"口(分)年"	《安溪县志》(十二卷,清乾隆二十二年刻本)	粳米	腊月	福建省莆田市	1306
6	作春盘,啖节糕	《元和县志》(三十六卷,清乾隆二十六年刻本)	糯米	正月	江苏省苏州市	384
7	先期,粉米范以模型蒸而献之,名"二十四粿",平常称"寿桃",农人贮至次年春季用以饷耕,取其便也	《歙县志》(二十卷,清乾隆二十六年刻本)	粳米	腊月	安徽省黄山市	1035
8	做年糕相送,谓之"一年高一年"	《澎湖纪略》(十二卷,清乾隆三十六年刻本)	糯米	腊月	台湾省	1905
9	蒸米粉为糕,谓之"年糕"	《南平县志》(三十八卷,清嘉庆十五年刻本)	粳米	腊月	福建省南平地区	1268
10	二日,踏青食糕(名"口(撑)腰糕")	《昆新两县志》(四十卷,清道光六年刻本)	糯米或粳米	二月	江苏省苏州市	403
11	凡家用刀尺、斗筲诸器,皆祀以年糕	《象山县志》(二十二卷,清道光十四年刻本)	粳米	腊月	浙江省宁波市	776

* 本附录根据丁世良、赵放主编的《中国地方志民俗资料汇编》(书目文献出版社,1989—1995年)所载的年糕史料,按原地区分六卷排列,其中页码为《汇编》中的书页码。以选入方志的年代排序。

续上表

12	作春盘,啖节糕	《元和唯亭志》(二十卷,清道光二十三年刻本)	糯米	正月	江苏省苏州市	393
13	磨粉和饧锡为糕,曰"年糕"	《震泽镇志》(十四卷,清道光二十四年刻本)	糯米	腊月	江苏省苏州市	448
14	先数日,蒸年糕,备珍果,以为迎年之用云	《噶玛兰厅志》(十卷,清咸丰二年续修刻本)	粳米	腊月	台湾省	1389
15	留年糕食之,名"撑腰糕",令人不腰痛 磨粉和饧锡为糕,曰"年糕"	《南浔镇志》(四十卷,清同治二年刻本)	糯米	二月 腊月	浙江省嘉兴市	694 695
16	蒸糕,曰"年糕"	《淡水厅志》(十六卷,清同治十年刻本)	粳米	腊月	台湾省	1391
17	比户用精米作糍,或作粉团,调以饴,名曰"年糕"	《景宁县志》(十四卷,清同治十二年刻本)	粳米	腊月	浙江省丽水地区	921
18	"除夕",换门神、春联、岁糕、岁饭、红酒、牲肴祀先祖、五祀	《南城县志》(十卷,清同治十二年刻本)	粳米	腊月	江西省抚州市	1133
19	岁时既竣,各家春米粉作糕团(糕,取年高;团取团圆)	《安吉县志》(十八卷,清同治十三年刻本)	粳米	腊月	浙江省湖州市	755
20	家家以粳米作年糕,贮水缸中渍之,曰"水浸糕"	《玉环厅志》(十四卷,清光绪元年刻本)	粳米	腊月	浙江省台州市	866
21	蒸米为年糕,盛馔荐先,曰"辞年"	《宁洋县志》(十二卷,清光绪元年刻本)	粳米	腊月	福建省龙岩市	1331
22	腊月,以米粉制为豚首、蹄、胳之属,及制为糕,谓之"水晶糕"	《黄岩县志》(四十卷,清光绪三年刻本)	粳米	腊月	浙江省台州市	851
23	家食年糕,可免腰疼,谓之"撑腰糕"	《青浦县志》(三十卷,清光绪五年尊经阁刻本)	糯米或粳米	二月	上海市	46
24	蒸节糕,炒米豆以待客	《宝山县志》(十四卷,清光绪八年学海书院刻本)	糯米或粳米	正月	上海市	67
25	岁暮磨米为糕,或元宝式与诸物相馈送	《苏州府志》(一百五十卷,清光绪八年江苏书局刻本)	糯米	腊月	江苏省苏州市	371

续上表

26	食粉丸、年糕	《周庄镇志》(六卷,清光绪八年元和陶氏仪一堂刻本)	糯米	正月	江苏省苏州市	390
27	磨粉和糖为糕,曰"年糕"	《归安县志》(四十卷,清光绪八年刻本)	糯米	腊月	浙江省嘉兴市	685
28	炊糕相馈,曰"馈岁",或以糕浸井(井,应为水,笔者注),曰"水晶糕",至正月客来供之	《乐清县志》(三十八卷,清光绪八年刻本)	粳米	腊月	浙江省温州市	908
29	"除夕",换门神、春联,蒸岁糕,酿红酒,洁牲肴,腊先祖,五祀	《续修浦城县志》(四十二卷,清光绪十三年南浦书院刻本)	粳米	腊月	福建省南平地区	1258
30	以隔年所制之糖糕,曰"年糕",煮汤食之	《平望志》(十八卷,清光绪十三年吴江黄北柽全刻本)	糯米	正月	江苏省苏州市	444
31	初二日,留年糕食之,谓不腰痛,名"撑腰糕"	《罗店镇志》(八卷,清光绪十五年铅印本)	粳米	二月	上海市	76
32	作黍糕,曰"年年糕"	《邹县续志》(十二卷,清光绪十八年刻本)	黍米	腊月	山东省济宁市	293
33	磨粉和饧餭为糕,曰"年糕",谚云:"冬节团子年节糕"	《菱湖镇志》(四十四卷,清光绪十九年临安孙氏刻本)	糯米	腊月	浙江省嘉兴市	690
34	自此日后,家蒸年糕,忌生人窥视则难熟,云不熟则岁不吉也。	《锡金识小录》(十二卷,清光绪二十二年刻本)	粳米	腊月	江苏省无锡市	452
35	作糕供客,渍水中,曰"水晶糕"	《太平县志》(十八卷,清光绪二十二年刻本)	粳米	腊月	浙江省台州市	861
36	岁除扫屋宇,家相馈以牲果、年糕,谓之"分年"	《福清县志》(二十卷,清光绪二十四年刘玉璋刻本)	粳米	腊月	福建省福州市	1211
37	腊月下浣,做年糕、米馒首	《忠义乡志》(二十卷,清光绪二十七年刻本)	粳米	腊月	浙江省宁波市	772

续上表

38	"元旦",拈香敬神,拜祖先真容,煮年糕、粉团以荐,遂遍饲家人	《常昭合志稿》(四十八卷,清光绪三十年活字本)	糯米或粳米	正月	江苏省苏州市	429
39	越数日,展拜远近亲友,以年糕、茶点相馈遗 乡居之家皆捣米为粉作年糕(虽贫家不废),以供岁拜贺新年之用	《富阳县志》(二十四卷,清光绪三十二年刻本)	粳米	正月 腊月	浙江省杭州市	609 610
40	腊月,各村以粳米捣熟作糕,谓之"年糕"	《诸暨县志》(六十卷,清宣统二年刻本)	粳米	腊月	浙江省绍兴市	833
41	初二日,煮年糕 磨米粉炊作糕,曰"年糕"(比户皆然)	《双林镇志》(三十二卷,民国六年上海商务印书馆铅印本)	糯米或粳米	二月 腊月	浙江省嘉兴市	703 706
42	二日,食糕□(撑)腰糕	《太仓州志》(二十八卷,民国八年刻本)	糯米或粳米	二月	江苏省苏州市	416
43	家家以粉和糖为糕,曰"年糕"	《重辑张堰志》(十二卷,民国九年金山姚氏松韵平堂铅印本)	糯米	腊月	上海市	43
44	造年糕,取增高之义	《朝城县志》(十卷,民国九年刻本)	粳米	腊月	山东省聊城市	328
45	东乡人是日(二日)食年糕,谓之"撑腰糕"	《江阴县续志》(二十八卷,民国十年刻本)	糯米或粳米	二月	江苏省无锡市	460
46	二十五、六、七等日,亲戚具年糕、牲醴相馈送	《闽清县志》(八卷,民国十年铅印本)	粳米	腊月	福建省福州市	1225
47	煮饭盛新笋中,置橘子、年糕于上,元旦蒸食	《杭州府志》(一百七十卷,民国十一年铅印本)	粳米	腊月 正月	浙江省杭州市	591
48	十二月,自朔至晦,各家择日制年糕	《定海县志》(民国十三年铅印本)	粳米	腊月	浙江省舟山市	813
49	各家磨粉和饧馅为糕,曰"年糕"	《盛湖志》(十四卷,民国十四年周云庆覆刻吴江仲氏本)	糯米	腊月	江苏省苏州市	439

续上表

50	各家屑米为糕,曰"年糕",又曰"节节糕",有多至数石者	《象山县志》(三十三卷,民国十六年宁波天胜印刷公司铅印本)	粳米	腊月	浙江省宁波市	780
51	泉人度岁,皆以米粉为糕粿、饽饽之属,留宿饭于明日,谓之"过年饭"	《泉州府志》(七十六卷,民国十六年补刻本)	粳米	腊月	福建省泉州市	1297
52	"祀灶"之前后数日,盛设牲牢、年糕、福橘及山海各珍品,罗列堂前,以谢天神地祇,并延道士摇铃读祝,俗称"还福",即古大祝祈福之特意	《霞浦县志》(四十卷,民国十八年铅印本)	粳米	腊月	福建省宁德市	1281
53	家家以粳米作年糕贮水缸中	《南田县志》(三十五卷,民国十九年铅印本)	粳米	腊月	浙江省宁波市	782
54	磨米和糖霜为年糕及三牲祀神	《续修桐城县志》(二十四卷,民国二十九年铅印本)	糯米	腊月	安徽省安庆市	965
55	二日,各家炒年糕以食之,曰"撑腰糕"	《相城小志》(六卷,民国十九年上艺斋活字本)	糯米或粳米	二月	江苏省苏州市	398
56	除有大丧者外,无家不蒸年糕	《嘉定县续志》(十五卷,民国十九年铅印本)	粳米	腊月	上海市	59
57	腊月,各家碾米粉作年糕	《镇海县志》(四十五卷,民国二十年上海蔚文印刷局铅印本)	粳米	腊月	浙江省宁波市	789
58	二十四日"祀社",荐年糕	《汤溪县志》(二十卷,民国二十年铅印本)	粳米	腊月	浙江省金华市	872
59	啖春糕、春饼 是日,比户以隔年糕油煎食之,谓之"掌腰糕"	《吴县志》(八十卷,民国二十二年苏州文新公司铅印本)	糯米 糯米或粳米	正月 二月	江苏省苏州市	377 378
60	是日,啖粉团及年糕 于时蒸年糕相馈遗	《月浦里志》(十五卷,民国二十三年铅印本)	糯米或粳米	正月 腊月	上海市	85 87

续上表

61	人家蒸米粉舂作年糕,形如钲,虽贫家不废,以供馈遗及拜贺新年之用	《萧山县志稿》(三十三卷,民国二十四年铅印本)	粳米	正月腊月	浙江省杭州市	644
62	谢年前,家家以粳米制水浸糕,以糯米制馈糍,以多为体面,虽贫户亦制数斗焉	《临海县志稿》(四十二卷,民国二十四年铅印本)	粳米或糯米	腊月	浙江省台州市	848
63	屑粳糯蒸之为年糕	《山阴县志》(三十卷,民国二十五年绍兴县修志委员会铅印本)	粳米或糯米	腊月	浙江省绍兴市	823
64	家磨粉和饧馇为糕相饷遗,曰"年糕" 新娶妇家,母家馈年糕,名"致年节"。亲戚互相馈遗,名"年节礼"	《乌青镇志》(四十四卷,民国二十五年刻本)	糯米	腊月	浙江省嘉兴市	719 720
65	民间多蒸糖糕相馈,谓之"年糕"	《上杭县志》②(三十六卷,民国二十八年上杭启文书局铅印本)	糯米	腊月	福建省龙岩市	1342
66	造年糕,取增高之义	《谷阳县志》(十六卷,民国三十年铅印本)	粳米	腊月	山东省聊城市	335
67	"除夕":是晚设宴过年,互为吉祥语:猪血曰"发财",猪肝曰"欢喜",年糕曰"高升",花生曰"发财",猪肚曰"银荷包蛋",灌肠曰"串钱索"	《崇安县新志》(三十一卷,民国三十一年铅印本)	粳米	腊月	福建省南平地区	1251
68	元旦,吃红柑、糕粿,可望发财	《台湾省通志稿》(十卷,一九五〇至一九六五年铅印本)	粳米	正月	台湾省	1376
69	是日,以牲醴、年糕祀神祭祖	《基隆县志》(二十一篇,一九五四至一九五九年铅印本)	粳米	腊月	台湾省	1596

附录一

续上表

70	"除夕",各户守岁,通宵达旦……桌上供叠柑塔,供拜甜粿(年糕)……	《彰化县志稿》(八卷,一九五八至一九七六年铅印本)	糯米	腊月、正月	台湾省	1634
71	"春节",家家户户制糕粿为食,制红龟粿、发粿等祀神家家户户以年糕祀祖	《台南市志》(十卷,一九五八至一九八三年铅印本)	糯米	腊月、正月	台湾省	1799 1803
72	炊米粉为粿,曰"年糕"	《苑里志》(二卷,一九五九年《台湾文献丛刊》本)	粳米	腊月	台湾省	1559
73	"元旦",家制红白米糕以祀神	《重修台湾府志》(二十五卷,一九六一年《台湾文献丛刊》本)	粳米	正月	台湾省	1384
74	"元旦",家制红白米糕以祀神,于五鼓时拜贺亲友	《重修台湾县志》(十五卷,清乾隆十七年刻本)	粳米	正月	台湾省	1563
75	"元旦"早起,以米糕、果品祀神祭先,放爆竹,以迎祥避厉,谓之"开正"家制红白米糕以祀神 比户先期蒸年糕,购珍果以备迎年之用	《宜兴县志》(十一卷,一九五九至一九六五年铅印本)	粳米	正月 腊月	台湾省	1456 1460
76	"除夕",制年糕,备牲醴以祭祀祖先	《桃园县志》(六卷,一九六二至一九六九年铅印本)	粳米	腊月	台湾省	1475
77	以米蒸糕,曰"年糕"	《彰化县志》(十二卷,一九六八年《台湾方志汇编》)	粳米	腊月	台湾省	1655
78	腊月下旬,各家粪除净尽,并备祭品年糕,印幢幡为仪,焚而送之	《嘉义县志》(十二卷,一九七六至一九八七年铅印本)	粳米	腊月	台湾省	1786
79	"春节",家家户户制糕粿为食,制红龟粿、发粿等祀神,意即敬奉覆育万物之天公是日,以牲醴、年糕祀神祭祖	《云林县志稿》(十卷,一九七七至一九八三年铅印本)	糯米	腊月、正月	台湾省	1741 1746

二、华北卷（两市、两省、一自治区）

80	饮屠苏酒，炊麦饭，食米糕	《广平府志》（二十四卷，清乾隆十年刻本）	粳米	正月	河北省永平县广府镇	421
81	饮屠苏酒，炊麦饭，食米糕	《顺德府志》（十六卷，清乾隆十五年刻本）	粳米	正月	河北省邢台市	474
82	旧志："午后，陈设天地及祖宗前祭品，其祭品中必用糕，谓之'年年高'"	《涿州志》（二十二卷，清光绪元年刻本）	糯米或粳米	腊月	河北省涿州市	312
83	春黍米作糕为节食	《盂县志》（二十二卷，清光绪八年刻本）	黍米	正月	山西省晋中地区	587
84	二十八，外则卖糖瓜、糖饼、江米竹节糕、关东糖	《顺天府志》（一百三十卷，清光绪二十八年重印本）	糯米	腊月	北京	10
85	"元旦日"，食黍糕，曰"年糕"，佛前亦供之	《天津志略》（二十卷，民国二十年铅印本）	黍米	正月	天津	52
86	年下来到，糖瓜祭皂(灶)。闺女要花，小子要炮。老婆子要吃新年糕，老头子要戴新呢帽	《晋县志料》（二卷，民国二十四年石印本）		腊月	河北省石家庄市晋州市	95

三、东北卷（三省）

87	初七日为"人日"，家家食年糕，言能益寿	《辽阳县志》（四十卷，民国十七年铅印本）	粳米	正月	辽宁省辽阳市	63
88	按古元旦，早起啖黍糕，曰"年糕"	《讷河县志》（十二卷，民国二十年双城县精益书局铅印本）	黍米	正月	黑龙江省哈尔滨市	491
89	初七日为"人日"，亦曰"灵辰"。各家食粘糕，曰益寿延年	《铁岭县志》（二十卷，民国二十二年铅印本）	黍、粳米	正月	辽宁省铁岭市	112
90	必有鲜鱼，取年年有余之意，并食年糕，取年年高升	《辑安县志》（四卷，民国二十二年石印本）	粳米	腊、正月	吉林省集安市	337

附录一

续上表

91	黍米土名"黄米",田家农忙多制糕饷午,岁除尤必多需,以供新年食用	《桦甸县志》(十卷,一九三二年铅印本)	黍米	正月	吉林省吉林市	293
92	初七日为"人日",辽阳俗食年糕,言能益寿	《奉天通志》(二百六十卷,民国二十三年铅印本)	粳米	正月	辽宁省	23
93	初七日为"人日",家家食年糕,取年高益寿意也	《梨树县志》(七编,民国二十三年铅印本)	粳米	正月	吉林省四平市	355
94	初七日为"人日",家家食年糕,云能益寿,古来词人多以为诗题云	《东丰县志》(四卷,民国二十年铅印本)	粳米	正月	吉林省辽源市	362
95	初七日为"人日",家家食年糕,言能益寿	《海城县志》(六卷,一九三七年铅印本)	粳米	正月	辽宁省鞍山市	74
96	按,古元旦早起,啖黍糕,曰"年糕"	《宾县县志》(四卷,一九六四年黑龙江图书馆油印本)	黍米	正月	黑龙江省哈尔滨市	430

四、中南卷(五省一自治区)

97	"元旦"前,以糯粉溅蔗糖或灰汁笼蒸春糕,围径尺许,厚五六寸,杂诸果品供岁祀,遂割为年茶以相馈答	《琼台志》(四十四卷,一九六四年上海古籍书店据宁波天一阁藏明正德刻本影印)	糯米	腊月、正月	海南省	1097
98	前数日各制白糍、年糕、果品送节	《重修曲江县志》(四卷,清康熙二十六年刻本)	粳米	腊月	广东省韶关市	703
99	夙兴,啖黍糕,曰"年年糕"	《祥符县志》(二十二卷,清乾隆四年刻本)	黍米	正月	河南省开封市	18
100	夙兴,啖黍糕,曰"年年糕"	《荥阳县志》(十二卷,清乾隆十二年刻本)	黍米	正月	河南省郑州市	9
101	夙兴,啖黍糕,曰"年年糕"	《新郑县志》(三十一卷,清乾隆四十一年刻本)	黍米	正月	河南省开封市	26

续上表

102	制粢粒送亲友,曰:"年糕"	《全县志》(十二卷,清嘉庆四年刻本)	粳米	腊月	广西壮族自治区桂林市	997
103	二日,炙粘糕,作煎饼,合家食之	《浚县志》(二十二卷,清嘉庆七年刻本)	糯米或黍米	二月	河南省安阳市	118
104	七日,谓"人日",作粉糍以祀先	《西宁县志》(十二卷,清道光十年刻本)	糯米	正月	广东省肇庆市	878
105	村中人必致糕相饷,名曰"年糕"	《安陆县志》(四十卷,清道光二十三年刻本)	粳米或糯米	正月	湖北省孝感市	348
106	各备米糍、油徽、年糕相问遗,谓之"馈岁"	《武陵县志》(三十二卷,清同治七年刻本)	粳米	腊月	湖南省常德市	655
107	村人必致糕相饷,俗曰"年糕"	《江夏县志》(八卷,清同治八年刻本)	粳米或糯米	正月	湖北省咸宁市	379
108	前数日,各制白糍、年糕、果品相遗,曰"馈岁"	《韶关府志》(四十卷,清同治十三年刻本)	粳米	腊月	广东省韶关市	706
109	饮屠苏酒,献年糕	《兴宁县志》(十八卷,清光绪元年刻本)	粳米	正月	湖南省郴州市	521
110	炊笼蒸,大者至米数斗。其以糖炊者曰"甜糕"。否则曰"白糕"	《香山县志》(二十二卷,清光绪五年刻本)	糯米或粳米	腊月	广东省佛山市	807
111	各持糍糕以为礼,语云"拜年拜节,糍粑发裂"	《孝感县志》(二十四卷,清光绪八年刻本)	糯米	正月	湖北省孝感市	327
112	家家用米粉作条,宰牲飨神,全(家)老少畅欢,谓之"团年"	《高明县志》(十六卷,清光绪二十年刻本)	粳米	腊月	广东省佛山市	811
113	"除夜",人家多渍米和糖为年糕以相馈	《怀集县志》(十卷,民国五年铅印本)	糯米	腊月	广东省肇庆市	859
114	凡拜年必有馈,馈以糍,俗曰:"糍粑"	《嘉禾县图志》(三十四卷,民国二十年刻本)	糯米	正月	湖南省郴州市	537

附录一

续上表

115	食粘糕	《林县志》(十八卷,民国二十一年石印本)	糯米或黍米	二月	河南省安阳市	126
116	好好好!年来到,贴门神,刮(挂)纸条。婶子推,大娘扫,我也吃俩粘粘高。	《淮阳乡村风土记》(不分卷,民国二十三年铅印本)		腊月 正月	河南省周口市	151
117	"人日",以粉糍祀神,为酒食家宴	《罗定志》(十卷,民国二十四年铅印本)	糯米	正月	广东省肇庆市	873
118	向明,往乡党亲友家交贺,遇尊长行跪拜礼,以年糕、糯糍、油团食品相馈	《融县志》(二卷,民国二十五年铅印本)	粳米	腊月	广西壮族自治区柳州市	950

五、西南卷(三省、一自治区)

119	用米粉和糖,以叶裹之,名曰"年糕"	《峨眉县志》(十卷,清嘉庆十八年刻本)	糯米	腊月	四川省乐山市	195
120	客至,主人设果盘,以粉团、糍粑、年糕款之	《涪陵县续修涪陵志》(二十七卷,民国十七年铅印本)	糯米或粳米	正月	四川省涪陵地区	241
121	肃衣冠,焚香楮,拜天地、家神,卑幼拜长,进年糕	《名山县新志》(十六卷,民国十九年刻本)	粳米	正月	四川省雅安地区	362
122	一种糯米制,即粢粑;一种糯米面、粘米面制,名糍粑。东乡以晚米制者,名"铒块粑"	《平坝县志》(不分卷,民国二十一年贵阳文通书局铅印本)	糯米或粳米	腊月	贵州省安顺地区	563
123	次复焚香秉烛,陈设年糕、米、花清供等物于堂中	《荔波县志》(十一卷,清光绪元年钞本)	粳米	正月	贵州省黔南布依族苗族自治州	713
124	自初一至初三,仅食糯米、晚米预制之糕,俗称糍粑、耳块粑者	《开阳县志稿》(十三卷编,民国二十八年铅印本)	糯米或粳米	正月	贵州省安顺地区	519
125	凡新年用物,如酒脯、糖糕等,皆各以其力备无缺	《重修彭山县志》(八卷,民国三十三年铅印本)	糯米	腊月	四川省乐山市	190

慈城年糕的文化记忆

续上表

| 126 | 春糙饼,蒸粉饵,曰"年糕" | 《玉屏县志》(十卷,一九六五年贵州省图书馆油印本) | 糯米或粳米 | 腊月 | 贵州省铜仁地区 | 456 |
| 127 | 春糙饼,蒸粉饵,曰"年糕" | 《玉屏县志资料》(二章,一九六六年贵州省图书馆油印本) | 糯米或粳米 | 腊月 | 贵州省铜仁地区 | 457 |

六:西北卷(三省、两自治区)(无)

附录二 笔者收藏的年糕模板汇编 *

一、年糕座印模板（78副）

序	字号 材质 年代	外观	图样与主题 （主图尺寸单位：厘米）	外形 尺寸 （厘米）
1	林永X （1副， 1861年 置，木荷）	暗紫红，木工精细，雕刻精美，正面全部褪色，雕刻的花纹棱角磨损得圆润，背面书有"咸丰辛酉年林永X"。整副糕板有大小不等蛀孔。	三块不同花样的组合，横直线过渡。其中上下各刻"福"与"寿"两字，中间为动物蝙蝠，意寓福寿双全。 （10×4.5）	29× 8.4
2	陈梅房 （1副，缺框，1885年置，材质难识）	暗紫红，木工精细，雕刻精美，漆膜基本完好，工艺与林永X模板工艺相似，背面横书"乙酉"，直书"陈梅房置"，两侧书有"甲字合同"。糕板四角磨损，正面有七八点斑脱，背面两头磨损见原木，木质细滑，木纹致密。	直线与实物的组合，回纹过渡。实物花样为一只瓶插了牡丹花，瓶旁是两半朵桃花，意寓：富贵平安。 （5.5×3）	18× 5.5
3	XX房 （1副，缺	浅棕色，木工精细，雕刻精美，背面直书"光绪辛丑"，"XX房	整幅植物花样是兰花与桂花的组合，直意为春兰秋桂，转意为兰桂齐	18.8× 5.5

---

* 1. 本汇编的年糕模板因做慈城年糕的田野调查而专门收藏，谨谢竺惠民、张介人、徐小涛先生帮助收集。分两段编序，文章成稿之前收藏的，以年糕模板制作年代排列；之后的，则以收藏前后为序，编号是收藏日的年月日。

2. 置办年代中的年份一是按糕板记载的年份，有记载未明确年份的，按所记信息推测确定，如座印模板的第37号，背书"癸丑"，将其定于中华人民共和国成立前离今最近的癸丑年为记，即1913年；二是没有任何记载的，有的是根据雕刻技艺、花样和材料，类比有记载的模板推测而确定一个制作时期；尺寸与花样都是实测实记，其中模板的主题参考了《中国传统吉祥图案》[1]、《中国祥瑞象征图说》[2]、《中国传统艺术的植物花样》[3]等著作，经反复分析、类比思考后而确定。

---

[1] 李祖定著，上海科学普及出版社，1989年10月
[2] 月生选编、王仲涛译，人民美术出版社，2005年10月
[3] 王抗生编著，中国轻工业出版社，2000年1月

慈城年糕的文化记忆

续上表

	框,1901年置,枫杨)	办",其中"办"为繁体字。有大小不等蛀孔。	芳。(14×3.2)	
4	方裕兴(5副,1907年置,木荷)	大红色漆,木工精细,雕刻精美,正面色浅,背面书有"方裕兴置",一侧刻有"光绪丁未",一侧刻以西文数字标号。	这套模板分直线纹、回纹与主题花样和全幅是主题花样两种。按标号二图(5.5×3.2),两端是直线纹与回纹,中间为竹舍,内有仙人怀抱仙鹤,直意竹舍添寿,转意延年益寿;五图(14×3.2),顶、底各为祥云,中间两边有竹、葫芦和仙人,直意纳(接)祥祝(竹)寿,转意群仙祝寿;六图(5.2×3.2),两端是直线纹与蝙蝠,中间是灵芝与桃子,直意福捧寿仙,转意福寿双全;九图(8.4×32)是直线与主题花样的组合,中间是如意与丝带缠绵的书卷,直意书香如意,转意科举如意;十图(14.2×3.2),大小不等的蝙蝠,中间盘长似的框内有个"寿"字,直意四福捧寿,转意福寿绵长。	19×4.5
5	天地元黄(4副,清末置,木荷)	朱红漆,木工精细,雕刻精美,背面书有"贵御房",每块上侧面分别书有"天"、"地"、"元"、"黄"。雕刻格局新颖,由主题花样和副题花样构成,中间用回纹间隔。	三块不同花样的组合,回纹过渡。其中"天"字模板:上下两幅是鱼纹和祥云,中间是个状元人物,意寓状元及第或独占鳌头;"地"字模板:上下两幅是石榴、桂花等植物,中间是蝙蝠和祥云,意寓福增贵子;"元"字模板:上下两幅是寿桃、桂花等植物,中间是个灵芝,意寓长寿如意;"黄"字模板:上下两幅是橘子、桂花等植	19.5×5

续上表

			物,中间是合圣手持物的盒,意寓和合吉祥。(3.2×3)	
6	小模板(1副,清末置,木荷)	朱红漆,木工精细,雕刻精美,小型年糕模板,与"天地元黄"模板为同一主人。	整幅花样模板,其花样为八宝的书卷与绵绵蔓草的组合,意寓书香绵长。(6×1.5)	9.5×2.7
7	"大"小模板(1副,清末民初置,木荷)	朱红漆,木工精细,雕刻精美,小型年糕模板,一侧书有"大"字,一头漆有大红漆。	整幅花样模板,其花样为连绵的桂花,古代考中状元誉为"蟾宫折桂",意寓科举绵绵。(6.8×2.1)	10.3×3
8	"一"小模板(1副,清末民初置,木荷)	大红漆,木工精细,雕刻精美,漆膜光滑,小型年糕模板,一侧刻有"一"字。	整幅花样模板,其花样为梅花。梅开百花之先,独天下而春,因而梅常被民间视作传春报喜的吉祥象征,意寓梅报春喜。(5.3×2.4)	8×3.4
9	李协大号(1)(6副,清末民初置,楮木)	原木色,木工精细、雕刻精美,雕刻的花纹棱角磨损得圆润。背面书有"李协大号",侧面分别阴刻天干、中文数字以标号。	整幅花样套板,以天干为序:磬、核桃、磬、绵绵卷草;花篮、葫芦,上下各一拂尘;花瓶插了三支戟;阴阳板、鱼鼓,上下各一拂尘;一瓷瓶插了美丽的孔雀羽;荷叶、花篮,上下各一拂尘。意寓和合双庆、多子多福、平升三级、多喜多福、红顶花翎、福连贵子。(14×3)	20.6×5
10	弓吉(2副,清末民初置,木荷)	紫红金漆,木工精致、雕刻精美。一块侧面书有"吉",一块侧面书有"弓"。	直线与人物或植物的组合,其"弓板"有半盆万年青(年)、两半朵桃花(仙)和一女童手执莲花(连、荷),意寓连年贺喜(5.5×3)。"吉"板有飞舞的蝴蝶,和五个不同大小的椭圆,	19.2×5.4

续上表

			形似大大小小的瓜,意寓瓜迭绵绵(6×3.2)	
11	李协大号(2)(3副,民国初年置,槠木)	原色,木工精细、雕刻精美,雕刻的花纹棱角磨损得圆润。背面书有"李协大号",一侧以西文数字标号。	整幅花样套板,以数字为序,绵绵卷草(借意为多)、阴阳板(借意为喜)、葫芦(果实多子),上下各一拂尘(借音为福);绵绵卷草、宝剑(取宝字)、花篮(借意为喜)、莲叶、上下各一拂尘;绵绵卷草、扇子、鱼鼓、上下各一拂尘。意寓:多子多福、福宝双喜和乐送福喜。(14×3)	20.6×5
12	八字号(8副,民国时期置,槠木)	原色,木工精细、雕刻精美,一侧以汉数字标号,其中"三"、"五"号模板有鼠咬的痕迹。	整幅花样套板,以数字为序:"一"模板:团龙与元宝、桂花的组合,意寓望子成龙;"二"模板:飞舞的凤凰,太阳和元宝、桂花的组合,意寓丹凤朝阳;"三"模板:上下各有一磬、一拂尘,中间是一如意,意寓福连吉祥;"四"模板:上下各有一磬、一拂尘,中间是合圣手持物的盒,意寓如意连福;"五"模板:上面是桂花,下面是状元,意寓科举折桂;"六"模板:上面是桂花,中间是八吉祥之宝伞,下面是锭和笔,意寓必定富贵;"七"模板:一只瓶插了三把戟,意寓平升三级;"八"模板:自上而下,蝙蝠、磬、两条鱼、两拂尘,意寓吉庆有余。(14.7×3.5)	18.5×5.5
13	无字号(4副,民国时期置,木荷)	原木色,木工精细,雕刻一般,一侧阴刻横线条作标号。	直线与暗八仙的组合,主图花样分别为暗八仙的剑、葫芦、扇、鱼鼓,直意或转意是八仙助威、八仙送子、八仙迎寿和八仙送宝。(7.5×3.3)	21×5.8

续上表

14	无字号(1副,民国时期置,木荷)	原木色,木工精致、雕刻一般,花样刀纹浅。	一幅主题花样,三支戟,中间是磬挂着两条鱼,底下是莲花。直意为连年有鱼,转意为吉庆有余。(15×5)	20×6.8
15	楼福全(1副,民国时期置,木荷)	紫红,木工精细,雕刻精美,漆膜光滑,正面雕纹磨损,部分脱漆见原木,背面书有"楼福全"。	直线、暗八仙的组合,回纹过渡。主图花样为拂尘与暗八仙的剑,意寓:八仙助威。(4×2.7)	18×4.7
16	盛祥寿(2副,民国时期置,木荷)	紫红(后漆),木工精细,雕刻精美。	整幅花样套板。其中一块有灵芝、仙鹤、桃花与桂花,意为仙鹤延年;一块是拂尘、扇子、鱼鼓、绵绵卷纹,意为八仙送福。(13×3.2)	19.8×5.2
17	无字号(2副,民国时期置,楮木)	红黄色(后漆),木工精细,雕刻精美。有蛀孔。	整幅花样套板。其中一块为一只花瓶与植物的组合,花瓶上插了三支戟;一块为团龙,意寓连升三级和望子成龙。(14×3)	19.8×5.5
18	无字号(2副,民国时期置,木荷)	原木色,木工精细,雕刻一般。	直线与植物的组合,元宝花样过渡。主图一块为桂花(音取"桂",谐音"贵")与核桃(合意为和),一块为琴棋书画中的书卷。借"和为贵"转意为和气生财,取书香意转为书香传家。(7×3.5)	18.8×5.5
19	王和房(1副,民国时期置,木荷)	金漆,木工精细,雕刻精美,印花面原木色。背面书有"王和房置",一侧书有"六"。	整幅花样模板,其花样为团龙图案,意寓望子成龙。(13.5×2.7)	18×4.7
20	无字号(2副,缺框,民国	紫红(后漆),木工、雕刻一般。有蛀孔。	直线与植物或八宝的组合,元宝花样过渡。主图花样一块为杂宝的锭与卷纹,一块是杂宝的灵芝与卷纹。意	19.8×4.8

续上表

	时期置,槠木)		寓一定发财、长寿富贵。(6.5×3)	
21	王校忠房(1副,缺框,1932年置,槠木)	浅棕色,木工精细,雕刻精美,背直书"王校忠房"和"民国二十一年",两侧上下均书"王校忠房",印糕面沾有蟑螂幼虫壳。	直线与植物的组合,横直线过渡。主图为兰花和兰叶。兰也叫香祖,兰叶视作荪,与"孙"同音同声,意寓寿献兰孙。(11×4)	26×5.7
22	静品(2副,民国时期置,槠木)	紫红(后漆),木工、雕刻一般,有蛀孔。侧面隐约见"静品"、"山办"等文字。	直线与植物的组合,元宝花样过渡。主图一块为长春叶和灵芝,一块为桃子和梅花,意寓长寿富贵,寿禄双喜。(7×3)	18.8×5.7
23	无字号(1副,民国时期置,木荷)	暗紫红,木工精细,雕刻精美。	整幅花样模板,花样为飞舞凤凰、祥云似的小鸟组合,意寓百鸟朝凤。(13.5×3)	19.5×5.5
24	无字号(1副,民国时期置,木荷)	原木色,木工精细,雕刻一般。	直线与植物的组合,桃花纹过渡,主图为灵芝与卷纹,意寓长寿富贵。(7.3×3.5)	20×5.5
25	无字号(1副,民国时期置,木荷)	原木色,木工精细,雕刻精美,一侧刻有"二"序列号。	三幅不同花样组合模板,回纹过渡。其中上下两块花样为锭与卷纹、菊花样的植物,主图为荷花与拂尘,意寓举家欢喜(5.0×3.3)	19.5×5.2
26	张XX(3副,缺框,1941年,枫杨)	浅紫红,木工精细,雕刻精美,背面漆色磨损脱落,其中一副隐约可见"张",侧面书有"辛巳年"和糕板序列,有大小蛀孔。	直线与四艺图样的组合,回纹与斜线过渡。主图为四艺中的棋盘与中国书画。棋盘即盘长,书画即书香,意寓代代相传、书香传家。(5×3)	20.6×5.2
27	双如意(1副,民	原木色,木工精致、雕刻精细,背面有两寸长的细蛀缝。	整幅花样模板,其花样为双如意对称纹,以毛笔相连,中间为横图福到	20.6×5.2

附录二

续上表

				眼前的锭花样,意寓必定如意。(15×3.5—15×6.5)	
	国时期置,楮木)				
28	孙刚尧(1副,民国时期置,梓木)	紫红,木工精致、雕刻精美,有细小蛀孔。		整幅花样模板,其花样为梅花、方胜的组合,看似一幅绣球锦,取锦绣,直意为锦绣如意,转意为前程如意。(15×1.5—15×4.5)	20.6×9
29	王壎房(1副,民国时期置,梓木)	紫红,木工精致、雕刻精美,有细小蛀孔。		整幅花样模板,其花样为菊花(谐意举)、梅花、桂花(取义折桂),还有一支笔、拂尘和方胜(取义长寿)。这是一副一板多义的如意年糕板,意寓必定如意、举家如意、长寿如意和科举如意等。(14×2.5—14×5.5)	20×7.4
30	无字号(1副,缺框,民国时期置,梓木)	紫红,木工精致、雕刻精美,有细小蛀孔。		整幅花样模板,其花样有卷草纹(取义"万"、柿蒂纹(取谐音"事")和方胜(取义"长")等植物组合,意寓万事如意。(7×1.5—7×4.5)	22×7
31	方齐氏(1副,民国时期置,楮木)	原木色,木工精致、雕刻精细,边缘严重虫蛀。		整幅花样模板,其花样是两头各一只蝙蝠,中间是古钱,意寓福到眼前或福在眼前。(13.5×8.4)	13.5×8.4
32	100725[1]-1(1副,晚清置,木荷)	原木色,木工精致、雕刻精细,模框边缘严重虫蛀,花样重度磨损,圆角,小方柱定位梢,一头裂开。		直线与植物组合,田字纹过渡。主题花样为葫芦、绵绵卷草,意寓子孙绕膝。(4.5×3.2)	20×5.3
33	100725-2(2副,清	原木色,木工精致、雕刻精细,模板偶见蛀孔,两副长短尺寸		整幅花样模板,其花样一是上下各有一磬、一拂尘,中间是合圣手持物的	19.5×5.5

[1]这批年糕模板于2010年7月25日,购于宁波范宅古玩市场,以下数字编号均为收购日期

续上表

	末置,木荷)	差4毫米。	盒,意寓福连吉祥;另一是一只瓶插了三把戟,意寓平升三级。(15×3.5)	
34	100725-3(1副,清末置,木荷)	金黄色腿尽几近原木色,木工精致、雕刻精细,由背面蛀到印花面,模合面偶见色漆。	整板主题花样,上下各有一磬、一拂尘,中间是合圣手持物的盒,意寓福连吉祥。(15×3.5)	20×5.1
35	100725-4(2副,清末置,木荷)	原木色,木工、雕刻一般,模板蛀孔。其中一副背面刻有"毛"字,刻工较为粗糙。	直线与暗八仙花样组合模板,元宝纹过渡。其花样分别为扇和鱼鼓,意寓长寿绵绵和富贵绵绵。(14×3.7,14.5×3.5)	20×5.5 18.7×5.7
36	100725-5(1副,清末置,木荷)	原木色,木工、雕刻一般,模板蛀孔。	直线与植物花样组合模板,回纹过渡。主图花样为月季花,意寓月月富贵。(14.2×3.5)	19.5×5.5
37	100902[1]-1(1副,1913年置,木荷)	紫红色,木工精致、雕刻精细,漆膜完好,背面书有"癸丑……"等字样。	三幅不同花样组合模板,元宝纹过渡。上下各为蝴蝶、蝙蝠花样,中间是长春叶、南瓜、桂花等花样,意寓瓜瓞绵绵或福寿绵长。(22.5×6.2)	29.7×10
38	100902-2(1副,20世纪30年代后置,杉木)	紫红色,木工粗糙、雕刻简易,漆膜无光泽,背面刻有"戴得孝办"字样;上下模板分别刻有"上"字的记号。	三幅不同花样组合模板,横直线过渡。上下均为梅花花样,中间是蝙蝠、祥云等花样,意寓富贵成代。(19.5×4.5)	26×7.5
39	100902-3(2副,20世纪40年代后	大红色,木工粗糙、雕刻简易,漆膜无光泽,正面为原木色。	三幅不同花样组合模板,横直线过渡。上下均为梅花花样,中间一副为兰花和兰叶花样,意寓寿献兰孙;一副为凤样的动物及花状的植物,按	27×7.7

[1]这批年糕模板于2010年9月2日,购于浙江温州永嘉县楠溪江古村

附录二

续上表

	置,杉木)		中国传统吉祥图案分析,此图意寓凤戏牡丹,但模板的图案雕刻不符传统,应是春作木匠工艺。(20.4×4.6)	
40	101107-李烈法(2副,清末民初置,木荷)	红栗壳色,木工精细,雕刻精美,四角倒圆角,背面书有"李烈法置用",一侧分别书有"仙"、"人",横头一侧上、下各钻针眼大的小孔,采用的小方柱定位梢。	直线与植物的组合,卷草纹过渡。其中"仙"字模板为如意与牡丹花样,点缀祥云,意寓富贵如意;"人"字模板是梅花图样,点缀祥云,意寓梅报春喜。(9.5×3)	21.8×5.5
41	101107-无(1副,清末民初置,木荷)	暗紫红,木工精细,雕刻精美,漆膜斑驳,采用的小方柱定位梢,一侧书有"和合"两字。	直线与暗八仙的组合,莲花纹过渡。其主题图为暗八仙的扇,意寓:生机勃勃。(9×3)	19.6×4.5

二、年糕揿印模板(81块)

序	字号 材质 年代	外观	图样与主题 (主图尺寸单位:厘米)	外形尺寸 (厘米)
1	舒氏(1块,1898年置,槠木)	浅棕色,无光泽,有大小蛀孔。背面漆斑驳,书有置办姓氏和年代——"戊戌";正面裸露原木,戏剧人物脸部磨损严重。	直线与人物的组合,元宝纹过渡。主图花样为头戴官帽的戏剧人物,四角是桂花,意寓状元及第。(5.3×3)	19.5×3.8
2	洪曰(2块,1895年置,槠木)	正面为黑色,其余为紫色,涂层脱落,两头磨损。背面横书"乙未"两字,直书"洪曰房"三字。	直线与暗八仙的组合,横直线过渡。主图为扇子、葫芦与卷草纹,意寓生生不息、子孙富贵。(6.8×3,7.2×3)	19×3.8

续上表

3	林隆房（中）（1块，1911年置，木荷）	紫色金漆，色泽光亮，木工精致，雕刻精美，正面光泽稍褪。背面有契口，书有"林隆房(中)"，其中"中"是大红漆书写。	直线与实物的组合，横直线过渡。主图为两面交叉斜挂的旗帜，形似辛亥革命胜利的双十旗，意寓旗开得胜。（7.4×3.2）	18×3.8
4	周福大（3块，清末民初置，木荷）	紫色金漆，色泽光亮，正面光泽稍褪，部分露原木。	直线与植物的组合，横直线过渡。主图分别是菊花、桂花和月季的图样，取其音、义和形象征举家欢乐、科举如意、四季幸福。（9×3.5）	19.5×3.8
5	XXX（5块，清末民初置，木荷）	大红金漆，但磨损脱落，背面书有文字，但无法辨识；正面裸露原木，有针孔般小孔。	直线与植物的组合，横直线过渡。主图花样分别是麦子（取"穗"的谐音）、玉兰花、月季花、兰花和梅花，从构图的艺术手法分析，意寓岁岁平安、玉堂富贵、手足之情、兰桂齐放、步步高升。（8.5×3.5，7×3.5）	17.5×3.5
6	马汉房（2块，1925年置，木荷）	两块不同颜色，不同大小。大红色漆面磨损，背面书有"乙X年马汉房办"，其中的X底隐约可见"一"；紫红色漆面磨损，背面书有"X丑年马汉房办"。	直线与植物的组合，横直线过渡。主图花样分别为梅花（大红色）(6.4×2.7)和兰花（紫红色），意寓梅报春喜和兰送清香。（7.2×2.7）	17.2×3.2（红）17.5×3.3（紫）
7	沈隆房（6块，1928年置，木荷）	金漆，木工精致，雕刻精细，背面上横书"戊辰"，直书"沈隆房置"。	六块为一套。其中五块是直线与植物的组合，横线过渡，主图花样分别是梅、兰、菊、桂和牡丹，分别意寓梅报春喜、兰送清香、举家欢乐、科举折桂、金玉满堂；一块为横刻的双十旗，意寓旗开得胜。（7.5×3.5）	18×3.5
8	孙孟房（8块，民	紫红色，无光泽，漆斑驳，正面裸露原木。	直线与植物或八宝的组合，横直线过渡。主图花样有兰、菊、麦、绵绵卷	17.5×3.7

续上表

	国时期置,木荷)		草和书卷,意寓兰送清香、举家欢喜、岁岁平安、万年长青和书香传家等。(5.5×3.2)	
9	邵子房(2块,民国时期置,楮木)	大红色,色泽褪,漆斑驳,正面裸露原木。	直线与植物的组合,元宝纹过渡,主图花样分别是藕、叶、花和杆,梅花与兰花的组合,意为本固枝荣,荣华富贵。(11×3.8)	19×3.8
10	无字号(4块,民国时期置,木荷)	原木色,木工精致,雕刻一般,有大小蛀孔。	直线与植物或八宝的组合,元宝纹过渡,主图花样分别是棋盘、书卷、菊花和百合花,意寓代代相传、书香传家、举家欢乐、百事合一。(9×3.5)	17×3.5
11	无字号（A）(2块,民国时期置,楮木)	紫红色,色泽和漆膜完好。	直线与植物或八宝的组合,横直线过渡,主图花样为杂宝中的磬(取庆贺之意)和菱镜(和美转义)。意寓欢天喜地,和和美美。(6×3.5)	18×3.5
12	无字号（B）(1块,民国时期置,楮木)	紫红色,色泽和漆膜完好。	直线与实物的组合,横直线过渡,主图花样杂宝中的书卷,意寓书香传家。(7.5×4)	18×4
13	任顺兴(1块,民国时期置,枫杨)	紫红色,色泽和漆膜基本完好,木工精致,雕刻精细,一头有一角切,背面书有"任顺兴记",比一般年糕板厚0.8厘米。	直线与植物的组合,横直线过渡,其主图花样为兰花和兰叶,意寓寿献兰孙。(8.5×3.8)	16.6×3.8
14	无字号(2块,民国时期	大红色,木工、雕刻一般,背面有蛀孔,正面花纹磨损得圆润。	直线与植物的组合,元宝纹过渡,主图花样分别是元宝与梅花及元宝与兰花的组合,意寓迎春报喜、新岁拜	18×3.5

续上表

	置,枫杨)		寿。(9.8×3.5)	
15	谢利房(1块,民国时期置,木荷)	紫红色,木工精细,雕刻精美,四角磨损。	直线与实物的组合,主图花样为一只花瓶插了三支戟,意寓平升三级。(6×3.5)	18×3.5
16	黄礼房(1块,民国时期置,木荷)	浅紫红色,木工精细,雕刻精美,背面四周磨损,隐约可见书写的"黄礼房",其中"礼"辨认困难。	直线与植物的组合,横直线过渡,主图花样为竹子。民间传统有放爆竹除旧迎新、除邪恶报平安的习俗,所以意寓竹报平安。(5.7×2.7)	17.3×3.3
17	张盛房(1块,民国时期置,木荷)	紫红色,木工精细,雕刻精美,背面书有"张盛房置",其中"置"字的中间斑脱,辨认较难。	直线与植物的组合,主图花样为梅花,梅开百花之先,独天下而春,意寓梅报春喜。(5.5×3)	17.6×3.5
18	唐坤房(1块,民国时期置,木荷)	原木色,木工精细,雕刻精美,背面书有"唐坤房置",其中在"坤"与"房"间隔较大,空隙处画了兔图,文字右侧书有"已×××"等字,除了"已"字,具体有几个字,辨识困难。	直线与植物的组合,主图花样为桂花和佛手,桂花和佛手的谐音分别为"贵"、"福",因而被民间富贵的吉祥象征,意寓富贵长寿。(5.3×3)	19.2×3.3
19	汪冬房(1块,民国时期置,枫杨)	浅紫红色,木工精细,雕刻精美,背面四角磨损,书有"汪冬房办",并有大小不等蛀孔。	直线与植物等的组合,横直线过渡。主图花样分两部分:一是上下蝴蝶结状纹样,一是月季花插在花瓶中,瓶旁有一果实。月季花又名"长春花",俗称"月月红",为四季不绝之意,"平"与"瓶"同音,意寓四季平安。(10.4×3.2)	19.2×3.8
20	无字号(1块,民国时期置,木荷)	紫红色,木工精致,雕刻精细,色泽和漆膜完好。	直线与植物的组合,横直线过渡。主图花样为牡丹,意寓富贵万代。(7×4)	18.8×4

附录二

续上表

21	无字号 (1块,民国时期置,木荷)	紫红色,木工精致,雕刻精细,色泽和漆膜完好,正面直线纹处有切口。	直线与植物的组合,横直线过渡。主图花样为兰花和梅花,意寓兰梅齐芳。(7.8×3)	16.8×3.2
22	二广 (7块,民国时期置,木荷)	暗紫红,木工、雕刻一般,色泽和漆膜完好。	直线与植物和实物的组合,回纹过渡。主图花样为绵绵卷草、暗八仙的组合,意寓长寿绵绵和富贵绵绵等。(6×3)	18×3.7
23	丁乾房 (1块民国时期置,材质难识)	紫红色,木工精细,雕刻精美,色泽和漆膜完好,变形微拱。	直线与植物的组合,横直线过渡。主图花样为各种植物花样,意寓群芳庆贺。(6.5×3.5)	17×3.5
24	无字号 (1块,民国时期置,木荷)	暗红色,木工、雕刻一般。	直线与植物的组合,横直线过渡。主图花样为桂花、梅花的组合,意寓荣华富贵。6.5×3.5)	18×3.5
25	无字号 (1块,民国时期置,木荷)	原木色,木工粗糙,雕刻一般,图案不居中,线条不平行。	直线与植物的组合,横直线过渡。主图花样为菊花、桂花的组合,意寓金榜题名。5×3.5)	18×3.5
26	无字号 (1块,民国时期置,木荷)	原木色,木工精细,雕刻精美。	直线与植物的组合,回纹过渡。主图花样为荷花、莲蓬和荷叶,意寓本固枝荣。(5×3.5)	19.4×4.4
27	林阿二 (1块,民国时期置,木荷)	原木色,木工粗糙,取材不平,雕刻简陋。	直线与植物的组合,横直线过渡。主图花样为似兰非兰的植物合成一团,意寓一团和气。(5×3.5)	18×3.5

271

续上表

28	无字号(1块,民国时期置,木荷)	铁锈色,木工粗糙,雕刻一般,图案不居中,线条不平行。	直线与实物的组合,横直线过渡。主图花样为如意等花样,意寓一直如意。(6.5×3.4)	17.5×3.4
29	无字号(1块,民国时期置,木荷)	暗紫红,木工粗糙,雕刻一般。	直线与暗八仙的组合,横直线过渡。主图花样为剑、如意等,意寓八宝如意。(4.8×3.5)	17.8×3.5
30	无字号(1块,民国时期置,木荷)	原木色,木工粗糙,雕刻一般。	直线与八宝的组合,横直线过渡。主图花样为元宝、画卷等,意寓绚丽多彩。(7.5×3.5)	18.3×3.5
31	天水秉(1块,民国时期置,木荷)	原木色,木工粗糙,雕刻一般。背面书有"天水秉记"。	直线与暗八仙的组合,横直线过渡。主图花样为元宝、笛子等,意寓一定快乐。(6×3.3)	17.5×3.5
32	100725-6(1块,民国时期置,木荷)	栗壳色,木工精细,雕刻精美,色泽和漆膜完好。	直线与植物的组合,莲花纹过渡。主图花样为梅花、桂花,加上莲花纹,意寓花香三元。(4.5×3)	16.5×3.1
33	100725-7(1块,清末民初置,梓木)	栗壳色,木工精细,雕刻精美,色泽和漆膜完好,背面刻有"义房"两字。	直线与植物的组合,直线过渡。主图为菊花和桂花,意寓举家富贵。(4.5×3.5)	17.5×3.9
34	100725-8(1块,清末民初置,槠木)	紫红色,木工精细,雕刻精美,色泽和漆膜完好,印花漆色斑驳。	直线与植物的组合,横直线过渡。主图为菊花和桂花,意寓举家富贵。(6×3.5)	17.3×3.5
35	徐永林[1]	原木色,木工、雕刻一般。背面	直线与暗八仙的组合,横直线过渡。	17.8×

[1]这六块年糕模板由徐永林的儿子徐德财赠送

续上表

	(4块,20世纪30年代后置,苦楝)	盖有圆、方三颗印章,分别是"徐"、"永林……"	主图花样为笛子、剑、阴阳板和花篮等,意寓一定快乐等。(6×3.5)	3.8 19×3.8
36	徐永林(2块,20世纪30年代后置,苦楝)	原木色,木工、雕刻一般。背面盖有圆、方三颗印章,分别是"徐"、"永林……"	直线与植物的组合,横直线过渡。主图花样为竹子、桂花,意寓竹报平安、富贵绵长。(5.5×3.2,6.3×3.2)	18.8×3.8 18×4
37	人物花样(2块,当代仿清朝年糕模板置,榉木)	原木色,木工、雕刻一般。	三幅不同花样的组合,横直线过渡。一块花样:上下两小幅各为"寿"字,中间为老爷、祥云等;一块花样:上下两小幅均为菊花,中间为两个戏曲人物,意寓万寿长春,科举绵长。(14×4)	20×6
38	文字花样(2块,当代仿民国年糕模板置,榉木)	原木色,木工、雕刻一般。	直线与文字的组合,横直线过渡。主图花样分别是阴刻的"寿"字和"状元及弟",直意长寿、状元及第。模板上的"弟",应为"第",估计原年糕模板为春作木匠制作。(5.2×3.3)	16.5×4
39	金钱花样(1块,当代仿民国年糕模板置,榉木)	原木色,木工、雕刻一般。	直线与植物和实物的组合,桂花纹过渡。主图花样为两枚连接的铜钱和绵绵卷草,意寓富贵万代。(5.2×3.3)	16.5×4
40	101107-1(1块,20世纪40年代置,木荷)	紫红色,木工精致,雕刻一般,正面过渡纹的直线不水平。	直线与植物的组合,横直线纹过渡。主图花样为一整朵莲花、两半朵莲花,古人视莲为清,莲花有着美、长寿等象征意义,此模板意寓:连绵长寿。(4.5×3.5)	17.5×3.9

续上表

41	101107-司徒咸（1块,民国时期置,木荷）	紫红色,木工精致,雕刻一般,取材不方正,背面切一角,为契形。	直线与植物和实物的组合,横直线过渡,主图为一支长笔和绵绵卷草,笔谐音为必,转义有"必定"之意,卷草意寓长寿,意寓必定长寿。(9.8×3.7,7.4×3)	17.7×3.5
42	101107-1（1块,民国时期置,木荷）	紫红色,木工精致,雕刻精美,漆膜保存完好。	直线与主题图的组合,植物花样过渡。主图为暗八仙的鱼鼓及祥云,意寓神仙保佑。(6.6×3.7)	17.8×3.8
43	101107-3（1块,枫杨）	紫红色,木工精致,雕刻精美,漆膜保存完好。背面有火烤痕迹。	直线与主题图的组合,横直线过渡。其主题图为寿字纹与回纹,难明确其意寓(9×3.2)	17.8×3.8

附录三　田野调查的年糕模板简编 *

	字号	主题	数量副(块)	置办年代	收藏人	材质
1	徐纶房年糕板	平升三级、和合而喜、龙凤双喜(两款)	4	丙午(1906)夏至	徐小涛	楮木
2	紫红如意年糕板	长寿如意	1	丙午(1906)夏至	徐小涛	楮木
3	原木色年糕板	春兰秋桂	1	清末民初	徐小涛	枫杨
4	醇竹轩紫红年糕板	梅兰竹菊	4	清末民初	徐小涛	楮木
5	无字大红金漆年糕板	植物花草	2	清末民初	徐小涛	楮木
6	有字号年糕板	暗八仙	3	1941年	纪　平	不详
7	无字号年糕板	植物图样	4	民国时期	纪　平	不详
8	状元糕板	状元及第	1	清末民初	胡小芳	楮木
9	状元糕板	金榜题名	1	清末民初	胡小芳	枫杨
10	圆角年糕板	植物与八仙组合	3	民国时期	纪　平	不详
11	"仁久"年糕板	连绵如意	1	民国时期	楼增良	枫杨
12	无字号年糕板	暗八仙图案	8	民国时期	楼增良	楮木
13	加长年糕板	梅兰竹菊	4	民国时期	胡小芳	白杨
14	加宽年糕板	和合而喜	1	民国时期	胡小芳	白杨

＊ 1. 本简编的年糕模板由本田野调查对象提供。慈城地区的民间收藏丰富多彩，不少是年糕模板，但由于笔者采访有限，简编的可能只是其中一小部分；

　2. 置办年代一栏的年份除了糕板本身记载的年月外，有些是根据雕刻技艺、花样和材料，类比有记载的年糕模板推测而定。

慈城年糕的文化记忆

附录四　田野调查对象名录 *

序	姓名	性别	年龄(岁)	单位或住址	职业	调查时间
1	王永发	男	75	慈城镇妙山村	务农	2009年4月
2	卢　杰	男	47	宁波市荣安世家	自由职业	2010年8月
3	冯一敏	女	77	慈城镇太阳殿路	会计	2008年1月
4	冯少甫	男	86	庄桥街道苏冯村	经商	2008年8月
5	冯岳祥	男	65	慈城镇浦丰村	务农	2009年4月
6	冯懿有	男	75	上海浦东	教师	2009年11月
7	阮圣友	男	84	慈城镇三勤村	务农	2009年4月
8	任程飞	男	60	慈城镇妙山村	务农	2007年12月
9	庄国平	男	55	宁波粮机厂	经营管理	2010年8月
10	纪　平	男	53	宁波江北冯恒大食品有限公司	经营管理	2008年11月
11	杨古城	男	77	宁波市四眼碶街	文艺工作	2009年5月
12	吴楚定	男	60	慈城镇新华村	务农	2007年11月
13	陈安民	男	55	慈城镇三勤村	务农	2009年4月
14	陈秉秀	男	68	宁波市西草马路	农技工作	2009年7月
15	陈婵英	女	91	慈城镇中华路	家务	2003年8月 2005年12月8日去世
16	余　军	男	45	宁波江北义茂食品有限公司	经营管理	2009年4月
17	余伟国	男	51	江北慈城灵桥油料加工场	经营管理	2009年4月
18	汪祖敏	男	54	宁波市妙山良种场	经营管理	2009年9月
19	汤光秋	男	65	温州永嘉县岩头镇岩头古村	务农	2010年9月
20	沈元魁	男	79	宁波市柳翠街	文艺工作	2010年4月
21	张介人	男	60	慈城镇太湖路	教师	2007年11月
22	张兆康	男	43	江北区农林水利局	农技、行政管理	2007年11月

*本附录中调查对象以姓氏笔画排列。调查对象为提供口述资料,或年糕模板等实物的人员;有的调查对象被多次采访,本表的调查时间为首次时间;调查对象的年龄也为首次调查时的年龄;调查对象的职业分务农、经商、会计、教师、记者、农技工作、文艺工作、行政管理、经营管理等,其中文艺工作包括文物考古、工艺美术和文学艺术等;经营管理包括企业、事业单位的管理工作。

附录四

续上表

23	张良鸿	男	68	宁波市江北区建业街	教师	2008年5月
24	林阿二	男	83	慈城镇三勤村	务农	2009年4月
25	金燕芬	女	43	温州永嘉县岩头镇溪南村	务农	2010年9月
26	竺惠民	男	62	镇海建筑三公司	教师	2007年11月
27	俞品华	男	79	慈城镇浦丰村	务农、乡村企业	2009年4月
28	周文宝	男	44	慈城镇太阳殿路	经营管理	2009年10月
29	周亨茂	男	80	洪塘街道西江村	农村工作	2008年4月
30	周杏云	女	91	慈城镇慈湖人家	家务	2008年6月
31	周乾良	男	60	慈城镇虹星村	务农	2007年11月
32	周静书	男	55	宁波市文联	行政管理	2009年11月
33	胡金芳	男	48	慈城塔牌食品有限公司	经营管理	2009年10月
34	胡岳金	男	47	江北区委宣传部	行政管理	2008年2月
35	胡建能	男	45	江北区田洋漕	经营管理	2010年3月
36	胡惠珍	男	83	宁波市妙山良种场	农技工作	2009年10月
37	钱文华	男	48	宁波市孝闻街	文艺工作	2003年8月
38	徐小涛	男	55	江北区花博园	文艺工作	2010年2月
39	徐宝珠	女	60	慈城镇虹星村	务农	2007年11月
40	徐根源	男	86	慈城镇三勤村	务农	2009年4月
41	徐德财	男	65	慈城镇妙山村	经营管理	2010年8月
42	高妙胜	男	70	江北区农业水利局	农技工作	2009年4月
43	黄夏莲	女	79	宁波市假山巷	家务	2000年1月 2002年12月去世
44	曹保明	男	61	吉林省(长春)民协	文艺工作	2010年10月16日
45	谢永刚	男	59	宁波市江北区唐弢学校	教师	2009年4月
46	谢金伟	男	64	洪塘街道上沈村	农机工作	2009年4月
47	楼正梁	男	64	慈城镇妙山村	会计	2009年4月
48	裘燕萍	女	43	宁波市海曙区文保所	文艺工作	2010年4月
49	魏萍	女	30	宁波晚报社	记者	2010年3月

附录五　慈城手工年糕传承人谱系

传承类别		此前	第一代	第二代	第三代
合作制作（三勤村）	传承代表人姓名	徐氏曾祖	徐桂发	徐长荣	徐根源
	传承年代	20世纪之前	20世纪20年代前	20世纪二三十年代	20世纪30—70年代
	传承方式	这是农民合作制作年糕的传承谱系，以三勤村农民徐根源为例。1923年，徐根源出生于三勤村，其祖籍在邻近的王家坝村，自幼随祖辈做年糕，并无师自通传承了乡邻捏鱼、羊、猪、鹅等动物的米塑手艺。			
合作制作（大户人家）	传承代表人姓名	请农民到家里	请农民到家里，自备年糕模板	楼履新	楼正梁
	传承年代	20世纪之前	20世纪二三十年代	20世纪四五十年代	20世纪50—70年代
	传承方式	妙山楼家堰为楼氏家族祖居地。除祖父迁居县城（今慈城）请人做年糕外，一般与邻里合作做年糕，家里置有"仁久"、"楼芳记"等字号的年糕模板。			
作坊传承（荘永大）	传承代表人姓名	庄氏家族	庄品生	庄嘉财	庄国平
	传承年代	19世纪	19世纪末—20世纪30年代	20世纪四五十年代	20世纪60年代
	传承方式	清代，庄氏一家与乡邻合作做年糕。清朝末年，庄品生创办了"荘永大"并以作坊形式做年糕，其儿、孙跟着做到20世纪70年代。进入新世纪，"荘永大"老字号恢复，但手工年糕工艺失传。			
农民到农场传承	传承代表人姓名	半浦乡村民	胡开万	胡惠珍	胡金芳
	传承年代	19世纪	19世纪末—20世纪30年代	20世纪四五十年代—七八十年代	20世纪80年代
	传承方式	胡开万的爷爷由慈溪浒山迁至慈城半浦，一直到20世纪三四十年代迁移妙山，并进妙山农场。之前，胡家以合作制作传承为主。之后，转入妙山农场制作年糕，是一种农场内的传承。			

续上表

农民到企业传承	传承代表人姓名	温州乐清农民	俞学田	俞士求	俞伟国
	传承年代	20世纪之前	20世纪二三十年代	20世纪30—50年代	20世纪六七十年代—新世纪初
	传承方式	俞伟国的父亲13岁从温州乐清迁居到慈城妙山,先后替地主看牛、做长工。其间,每年腊月帮做年糕,而且自家也做年糕。到了俞伟国一代,创办年糕企业,其中一品种是手工白条年糕,这是工厂化的传承。对俞家来说,这一传承存在着做燥粉年糕(温州)到水磨年糕(慈城)的改变。			

附录六 宁波作者撰写的有关年糕的文学作品存目*

序	篇名	作者	发表报刊	日期
1	年糕汤远逢其诗(随笔)	无名	《四明日报》元旦增刊	1930年1月1日
2	糖年糕之豪赌(杂谈)	无名	《时事公报》五味架附刊	1930年2月4日
3	年糕的滋味(散文)	羽光佳	《宁波日报》波光副刊	1948年5月11日
4	年糕絮语(散文)	萧星	《宁波日报》三江口	1985年1月1日
5	年糕年年高(散文)	朱可淦	《宁波日报》星期天	1987年1月18日
6	做年糕琐记(散文)	丁云法	《宁波晚报》三江月	1987年1月18日
7	年糕歌(散文)	陈寅	《宁波日报》三江口	1991年1月26日
8	磨年糕(诗歌)	毛翼虎	《天涯芳草庐诗稿》	1991年
9	儿时的年糕团(散文)	晓草	《宁波日报》四明后乐园	1995年1月15日
10	年糕房里的欢乐(散文)	林芷茵	《宁波日报》四明综合	1996年2月10日
11	年糕团(散文)	裘继强	《宁波日报》四明后乐园	1997年1月25日
12	搡年糕(诗歌)	原杰	《宁波日报》四明综合	1997年12月17日
13	作坊里的"年糕人"(随笔)	王微波	《宁波日报》生活周刊五彩天地	1999年1月22日
14	水碓年糕(散文)	苏国久	《宁波日报》文娱周刊	1999年2月18日
15	石磨·石捣臼(散文)	王景行	《宁波日报》文娱周刊	2000年11月16日
16	饿其三日(小品)	虞时中	《宁波日报》四明后乐园	2000年11月17日
17	宁波人昔日走人家(随笔)	项冰峰	《宁波日报》专刊百年宁波	2001年1月1日
18	谢年(随笔)	杨鸿钧	《宁波日报》后乐园	2001年1月19日
19	风雪除夕夜(随笔)	欧邦	《宁波日报》后乐园	2001年1月26日
20	米酒飘香(随笔)	俞建明	《宁波日报》后乐园	2001年2月9日
21	过年怀旧情(随笔)	叶升埒	《宁波日报》后乐园	2001年2月16日
22	艾青团子·艾青饺(随笔)	苏国文	《宁波日报》后乐园	2001年3月25日
23	车轿人家(散文)	朱可淦	《宁波日报》四明	2001年4月5日

* 1. 根据宁波市图书馆馆藏的宁波地方报纸资料统计,年限为1926—1999年,其中1971—1980年宁波日报停刊;
2. 根据宁报集团的CGRS全文检索系统资料统计(其中《宁波日报》2000—2009年,《宁波晚报》2002—2009年,《东南商报》2002—2009年);
3. 部分收集于笔者收藏的书籍、报刊。

附录六

续上表

24	拗野山笋(随笔)	俞培良	《宁波日报》后乐园	2001年4月29日
25	四明山的回忆(组诗)	吴百星	《宁波日报》专版	2001年7月1日
26	读你·懂你(学生习作)	孙颖颖	《宁波日报》学生天地	2001年8月20日
27	贿选(小说)	乐建中	《宁波日报》读书	2001年10月3日
28	零食(随笔)	文 文	《宁波日报》后乐园	2001年12月16日
29	冬至(随笔)	俞培良	《宁波日报》后乐园	2001年12月23日
30	拜年(随笔)	王 平	《宁波日报》后乐园	2002年2月10日
31	旧民俗渐失的秩序(民俗)	无 名	《宁波日报》文化娱乐	2002年2月14日
32	感受慈城(随笔)	蒋春芳	《宁波晚报》三江月	2002年2月26日
33	慈城年糕(随笔)	葛斐尔	《宁波日报》旅游	2002年3月12日
34	春日三味(随笔)	贺 磊	《宁波晚报》三江月	2002年3月14日
35	河边有棵老榆树(散文)	崔海波	《宁波晚报》三江月	2002年3月15日
36	春来荠菜香(散文)	孙红光	《宁波晚报》三江月	2002年3月20日
37	蛰居乡村的日子(散文)	朱旭虹	《宁波日报》四明	2002年5月10日
38	留住"年味"(随笔)	易其洋	《宁波日报》明州论坛	2003年2月10日
39	慈城的"冯恒大"(散文)	晓 草	《宁波晚报》三江月	2003年12月15日
40	围炉过年(散文)	张燕萍	《宁波晚报》三江月	2004年1月29日
41	儿时的元宵节(随笔)	钟一凡	《宁波日报》	2004年1月31日
42	逝去的年景(散文)	贺 磊	《宁波日报》	2004年1月31日
43	冬夜盛宴(散文)	毛坚刚	《宁波晚报》三江月	2004年2月5日
44	春节食俗漫说(随笔)	江一羽	《宁波晚报》老宁波	2004年2月9日
45	采野菜(散文)	洪珏慧	《宁波日报》	2004年4月9日
46	走进宁波(报告文学)	陈祖芬	《宁波日报》连载	2005年1月14日
47	寻找失落的"年味"(随笔)	牧野风	《宁波日报》时评	2005年2月7日
48	过年啦(特写)	太翼等	《宁波日报》专版	2005年2月8日
49	慈城年糕(散文)	张 存	《宁波日报》四明	2005年6月7日
50	农家四时闲食香	张仿治	《宁波晚报》老宁波	2005年11月5日
51	捣臼(随笔)	张良鸿	《宁波晚报》老宁波	2005年12月17日
52	火熜(随笔)	张仿治	《宁波晚报》老宁波	2005年12月25日

续上表

53	农家小屋里的传统食品(随笔)	周小东	《宁波晚报》老宁波	2005年12月25日
54	过年·说年(随笔)	范昉等	《宁波日报》四明	2006年1月27日
55	跑马灯(随笔)	王佩	《宁波晚报》老宁波	2006年1月28日
56	买年货(随笔)	桂晓燕	《宁波晚报》老宁波	2006年1月28日
57	火柜(随笔)	张仿治	《宁波晚报》老宁波	2006年2月11日
58	惊殊洪塘(散文)	江一羽	《宁波日报》四明	2006年3月21日
59	游子(散文)	王静	《宁波日报》四明	2006年6月6日
60	老屋忆旧(散文)	刘碧飞	《宁波日报》四明	2006年6月20日
61	古城观景(散文)	张存	《宁波日报》四明	2006年12月5日
62	杂说年糕(随笔)	胡远华	《宁波晚报》老宁波	2006年
63	不可忽略的另类文化遗产(特写)	楼伟华	《宁波日报》四明周刊	2007年2月6日
64	体会宁波年俗里的色香味(特写)	顾玮	《宁波日报》四明周刊	2007年2月13日
65	颂慈城——中国第三届年糕节(诗歌)	冯一敏	《桑园诗联》内刊	2008年1月
66	过年趣事(随笔)	夏真	《宁波日报》四明	2008年1月8日
67	腊月做年糕	陆德康	《宁波晚报》三江月	2008年1月27日
68	过年(随笔)	邵留芳	《宁波日报》后乐园	2008年2月5日
69	春耕(散文)	朱军备	《宁波日报》四明	2008年5月20日
70	无边的爱	张存	《宁波日报》后乐园	2008年6月10日
71	此物寄深情	王静	《宁波日报》四明周刊	2009年1月6日
72	年味(随笔)	陈柏林	《宁波日报》后乐园	2009年2月17日
72	做年糕(画配文)	贺友直	《海上宁波人》乡风乡俗	2009年12月19日

附录七

附录七　宁波报纸刊登的有关年糕新闻存目*

序	篇名	发表报刊	日期
1	椿年糕幼孩破脑	四明日报	1926年1月1日
2	炒年糕起火	宁波时报	1931年4月5日
3	桂花白糖年糕、桂花猪油年糕上市了 江北岸新奇香居老店、宁绍码头新店、宁兴码头	时事公报	1939年1月30日
4	桂花白糖年糕、玫瑰猪油年糕上市了 天福食品商店、天福第一支店	时事公报	1939年1月31日
5	桂花白糖年糕、桂花猪油年糕上市了 江北岸新奇香居老店、宁绍码头新店、宁兴码头	时事公报	1939年2月2日
6	鄞镇东小学募年糕赈难民	宁波民国日报	1939年3月7日
7	城区年糕店勒令停业	时事公报	1943年1月13日
8	专署令饬鄞县府严禁年糕食米出口	时事公报	1944年1月1日
9	年糕可否携带民众请求解释	时事公报	1944年1月11日
10	鄞县政府限令各年糕店停止营业 资成警察局切实办理	时事公报	1944年12月6日
11	董昌兴厂年糕瑰米上市	时事公报	1946年11月30日
12	借屋做年糕 火着去告状	时事公报	1947年1月9日
13	深夜帮人做年糕小窃光临偷牛去	宁波日报	1948年1月11日
14	带运食米年糕出口逾量严加取缔	宁波日报	1948年11月21日
15	玉枢慈善会冬账施米衣施年糕	宁波日报	1948年12月30日
16	汤家村办年糕合作社 订规约禁止大吃大喝 进行冬耕 妇女也种田生产	甬江日报	1949年12月11日

*说明：

一、资料来源：

1. 据宁波市图书馆馆藏的宁波报刊资料统计（1926—1999年，其中1971—1980年宁波日报停）；

2. 根据宁报集团的CGRS全文检索系统选择，其中《宁波日报》2000—2009年，《宁波晚报》2002—2009年，《东南商报》2002—2009年；

3. 根据笔者的剪报收藏本。

二、资料选择：

1. 有关年糕的大事件；

2. 有关年糕的独特性新闻，如《桑兰：最爱家乡烤菜年糕》；

3. 影响或反映年糕制作的事件，如《年糕专用稻米有了地方标准》。

续上表

17	年糕等复制品大量增加供应	宁波报	1956年2月3日
18	春节年糕供应方法	宁波报	1957年1月3日
19	为了让市民欢度春节 食油供应量适当增加 年糕凭粮票购买不限量	宁波报	1957年1月17日
20	不买迷信消耗品 少做年糕少访亲 曹家洋社女社员订出过年计划	宁波大众	1958年2月12日
21	新制年糕切片机工效提高十多倍	宁波报	1959年2月16日
22	宁波市妙山良种场年糕又有三吨运往香港	宁波日报	1983年2月9日
23	专访:名闻遐迩的杨陈年糕	宁波日报	1983年2月12日
24	慈城年糕上市了	宁波日报	1983年12月23日
25	慈城精制年糕风靡甬城	宁波日报	1984年12月1日
26	制止抬价倒卖年糕	宁波日报	1985年5月30日
27	台湾的宁波年糕	宁波日报	1986年2月16日
28	各粮站上柜供应年糕	宁波日报	1986年12月6日
29	七盒子引起争执的炒年糕	宁波日报	1987年12月31日
30	第二印染厂送年糕到老区	宁波日报	1988年2月15日
31	警惕!一些乡村又在用土制锅炉做年糕	宁波日报	1988年12月26日
32	城隍庙商场设立 慈城年糕特约经销点	宁波日报	1990年12月1日
33	慈城如意年糕获省食品"金马奖"	宁波日报	1990年12月5日
34	宁波年糕需打份	宁波日报	1991年3月9日
35	"年糕、菜籽、饲料"三管齐下 慈城粮管所善做多种经营文章	宁波日报	1991年8月19日
36	星期特稿:年糕精品在慈城	宁波日报	1992年1月19日
37	新尝"保鲜"年糕的启示	宁波日报	1992年7月4日
38	奇特黑米年糕面市	宁波日报	1992年11月14日
39	"老元龙"年糕远销美澳	宁波日报	1993年12月26日
40	小梁粮油商店开业志喜 推出慈城精制礼品年糕	宁波日报	1994年12月19日
41	慈城年糕受香港市民青睐	宁波日报	1995年2月4日
42	慈城年糕名扬四海	宁波日报	1995年2月10日

附录七

续上表

43	冬令年糕花色品种多	宁波日报	1997年12月17日
44	工场紧邻猪舍 年糕冒牌"慈城"江北查处一非法加工	宁波日报	1998年1月23日
45	点鸣鹤年糕摆摆到省外	宁波日报	1998年10月7日
46	作坊里的"年糕人"	宁波日报	1999年1月22日
47	地下年糕加工点端了一个	宁波日报	1999年2月9日
48	宁波年糕销国外	宁波日报	2001年6月18日
49	宁波年糕何时打响品牌	宁波日报	2001年11月25日
50	宁波水磨年糕吃法多多	宁波晚报	2002年1月2日
51	变质年糕 原是回收货	东南商报	2002年1月29日
52	有人制售"黑心年糕"	东南商报	2002年2月11日
53	一根年糕消化3万亩晚稻 三七市农民种稻效益增5倍	宁波晚报	2002年4月14日
54	儒商之乡文化庙会好红火	宁波日报	2002年9月23日
55	蔬菜营养年糕新鲜出炉	宁波日报	2002年10月9日
56	慈城年糕变花样 众厂家纷纷开发风味小吃产品	宁波日报	2002年11月25日
57	慈城年糕热销境外华人圈	宁波日报	2002年12月19日
58	"慈城年糕"通过原产地标记审核	宁波日报	2003年9月12日
59	国庆到慈城"吃"文化套餐	宁波晚报	2003年9月27日
60	外国友人在慈城吃年糕	宁波晚报	2003年10月2日
61	原产地保护"火了"慈城年糕	东南商报	2004年1月19日
62	慈城确定优质年糕专用米	宁波日报	2004年3月8日
63	天津市民青睐宁波货	宁波日报	2004年4月11日
64	当心!"老乡年糕"有毒	宁波晚报	2004年9月7日
65	慈城年糕借壳老字号做出大市面	宁波晚报	2004年11月4日
66	"慈城年糕"有了地方标准	宁波日报	2004年12月10日
67	30年的年糕经	宁波日报	2004年12月16日
68	一条年糕重2300公斤?!	宁波日报	2005年1月2日
69	世界最大年糕昨亮相慈城	东南商报	2005年1月2日
70	宁波年糕销量占全国一半	宁波日报	2005年1月21日
71	12种年糕不合格	东南商报	2005年1月26日

285

续上表

72	千余特困户喜领爱心年货	宁波日报	2005年2月1日
73	千家万户拎走千万年货	东南商报	2005年2月6日
74	手工年糕是这样"炼"成的	宁波日报	2005年2月8日
75	当心！吃年糕糯米粿会窒息	宁波晚报	2005年2月25日
76	我市绿色农产品亮相省农博会	宁波晚报	2005年11月27日
77	吃年糕就像吃方便面	宁波日报	2005年12月7日
78	冬至大如年 年糕番薯酒酿俏	东南商报	2005年12月25日
79	年糕放心吃黄酒问题多	宁波日报	2006年1月4日
80	年糕质量好 酒类问题多	东南商报	2006年1月14日
81	年糕，并非越白越好	宁波晚报	2005年1月17日
82	江北实施商标品牌战略	宁波日报	2006年4月19日
83	宁波年糕在广东遭假冒	宁波日报	2006年6月29日
84	宁波年糕1公斤海外卖6美元	宁波日报	2006年12月4日
85	冬至到 酒酿年糕卖得俏	东南商报	2006年12月26日
86	慈城获"年糕之乡"称号	宁波日报	2007年1月10日
87	做了3年年糕年 年颜色偏黄	东南商报	2007年3月11日
88	吃年糕断了一颗牙 获赔偿二千五	宁波日报	2007年1月24日
89	年糕打出幸福年	宁波日报	2007年2月10日
90	黑作坊竟漂白可疑大米做年糕	东南商报	2007年3月14日
91	"慈城年糕"乱标不得	宁波晚报	2007年4月18日
92	慈城建立万亩年糕专用稻谷基地	宁波日报	2007年8月4日
93	慈城订单农业带动年糕产业	东南商报	2007年9月11日
94	"义茂"年糕通过QS考核	宁波日报	2007年11月3日
95	春起年糕迎新年	宁波日报	2007年12月31日
96	新年庙会抢先来	宁波日报	2008年1月4日
97	年糕中含有二氧化硫	宁波日报	2008年1月17日
98	北仑端掉一年糕加工黑作坊	东南商报	2008年1月17日
99	想知道春年糕的滋味吗？	东南商报	2008年1月18日
100	活色生香慈城老街	东南商报	2008年1月20日

续上表

101	宁波水磨年糕制订了地方标准	宁波晚报	2008年11月25日
102	"宁88"成为慈城年糕专用米	宁波日报	2008年12月1日
103	年糕地方标准明年发布	宁波晚报	2008年12月12日
104	年糕专用稻米有了地方标准	宁波日报	2009年1月18日
105	老底子年夜饭吃不厌	东南商报	2009年1月19日
106	海外学子用QQ向亲人拜年	东南商报	2009年1月30日
107	桑兰:最爱家乡烤菜年糕	东南商报	2009年2月3日
108	2009宁波(香港)优质农产品推介会举行	宁波日报	2009年8月14日
109	黑作坊日销"白"年糕五十多公斤	宁波日报	2009年9月18日
110	宁波老字号博览会上受青睐	东南商报	2009年9月22日
111	行业标准助力宁波年糕开拓市场	宁波日报	2009年10月19日

后记——年糕之幸

《慈城年糕的文化记忆》书稿送入出版社即将付梓,人像卸下沉重的包袱轻松许多,而浑身的骨头却像散了架似的疼痛。早早地上床,晚风吹凉了空气,月光照亮了窗台。大约一年前,也是这样的夜晚,我做了个飞上太空的美梦。原因是连续解读年糕模板,模板上那些神话传说的花样、纹饰化成幻境,入梦而来……今夜无眠,思绪奔流,奔流而来还是年糕。

此乃童年的记忆。儿时,外婆牵着我的手,跨过铁路桥,一起去做年糕……许多宁波人的童年记忆中,都会有一个白白胖胖的年糕团。只是没想到,小小年糕如今会被我写成二十余万字的著作,不知是年糕之幸,还是我之幸。而其间的梦幻,抑或困惑,抑或犹豫,其中的喜悦,其中的担忧,其中的激动,其中的焦虑,如今皆与儿时的年糕一并成了记忆。

应该说,初做慈城年糕的田野调查,是工作使然。致力于全国非物质文化遗产抢救、保护工作的冯骥才老师,早在2003年就称:"年糕是我慈城的食文化的历史名牌,亦是先人留给我们的遗产。"四年后的秋天,大冯老师来江北指

后记

导文化大区建设工作时,重申了慈城年糕的文化内涵。之后,我受江北区委宣传部部长江鲁委派,承担了"慈城年糕的手工记忆"的田野调查任务。翌年的春天,完成了近两万字的调查报告。

报告成为申报市、省级非遗名录的基础材料,按理我算完成任务。然而,思绪似乎不同意就此画上句号,总感觉于慈城年糕,是言而不尽,说而不透,这是因为年糕作为稻米加工后的年节食品,无论制作还是食用,都与农耕文化有着千丝万缕的联系。与此同时,大冯老师发来短消息,询问慈城年糕的研究及出版打算。简短的文字,让我再次感受到年糕文化的深邃,感受到宁波游子的爱乡之情。于是,我试图以农耕文明为时代背景,运用社会学、民俗学等理论,继续做慈城年糕的田野调查。

2009年新春,我随江北区有关领导向冯骥才老师拜年。约见的那天下午,大冯老师谢绝其他来访者,亲自介绍中国民协实施的非物质文化遗产抢救工程成果,在设于天津大学冯骥才文学艺术研究院的跳龙门乡土艺术博物馆,在比较中州的滑县李方屯与朱仙镇年画时,大冯老师叫我上前,指着墙上年画人物中上翘与下垂的眉毛,说:这是年画在不同地方的不同表现手法,却记录了年画的艺术价值。由此,引出了慈城年糕的研究思路与调查细节。回甬后,我再一次寻访年糕文化的知情人,解读年糕模板,于当年秋天完成了《农耕社会的文化符号——宁波(慈城)年糕手工技艺和民俗记忆的田野调查》文稿,并寄送大冯老师和宁波市民俗研究专家审阅。

李建树老师是我文学创作的引路人之一,每有新书出版,我都会请李老师作番指导。这次有些不同,我送去文稿,意在让老师分享我的喜悦,因为李老师正在养病中。出乎意料的是,坐在轮椅上的李老师马上写了一篇文章贴上

他的博客,既赞美又宣传,如此有劳李老师,令我愧疚,不过也为他的康复而高兴。之后,我又收到各位老师提供的书面或口头的修改意见,尤其是大冯老师于晚上九点半打电话来。这是与大冯老师认识近十年来的第一次非约定时间段的通话。大冯老师开门见山指出文稿中介绍太多,理论太少的不足,并建议找更多的文献资料,收集更多的年糕模板,采用更多的口述材料来考证年糕的渊源,揭示年糕文化的共性与个性。

不愧为大家,一句话点中我的研究软肋。自年糕研究开题后,其文化丰富性与饮食的普遍性之间的矛盾、文献记载缺少与口头流传广泛之间的矛盾一直困惑着我,而且年糕是人人皆知的年节食品,不如堕民文化的独特、神秘。老师们的意见再次拓展了我的研究视野。年糕几乎是全国各地的年节食品,然而水磨、印花却是慈城年糕的特色,那么年糕模板的文化价值呢?我豁然开朗,另辟蹊径,重新谋篇布局,形成了一个新的提纲,再寄天津。没几天,我又收到大冯老师发来的短信:"年糕提纲有进步,待你归来再说。"原来我将去法国探亲,他让我借访法机会多留心人家的文化尊严与自觉。

慈城年糕的研究就是在大冯老师这样的悉心指导下进行的。令我感动的是,去年11月,他来宁波出席中国民间文艺山花奖颁奖典礼,我去开元大酒店拜谢他,大冯老师把我的研究介绍给中国民协向云驹秘书长,让他关注宁波的慈城,江北的年糕,我的研究……从"慈城年糕的民俗和手工记忆"到"农耕文明的文化符号",从"农耕文明的文化符号"到"中国年糕慈城记忆",怎么样为这个田野调查文本取一个合适的标题,颇费脑筋。议来议去,题目不是太大,就是太雅,总觉得不那么切题。当改成《中国年糕·慈城记忆》文稿,第四次寄往天津后,大冯老师来电指出:"年糕

后 记

本来就是中国的食品,不必加'中国',我们做文化不要迎合某种需要,更不能像为了旅游而打XX第一的牌子。"二十多分钟的电话指导中,大冯老师谈了诸多观点与意见,就题目,他提议改为"年糕的文化记忆",停顿片刻后,又说"加上慈城吧"。为帮助、支持我的文化研究,他欣然题写了书名……大冯老师现为国务院参事,又身兼多职,可谓日理万机。然而日理万机的他却心系慈城,心系慈城的年糕,这是年糕之幸,也是我的创作之幸。

俗话说:"万事开头难"。慈城年糕的研究初期,李浙杭、周静书、戴松岳、裴明海等首读了不成样子的文稿,并提出富有价值的指导意见。他们有的还推荐了粮食等领域的研究专家,让我有更多的选择;有的与我切磋其中的观点、定义的表达、完善;周静书还口述了年糕起源的传说故事。选题初期,自己没什么把握,这就像选址挖井一样,挖下去到底是泥沙,还是清泉?像米饭一样普通的食物——年糕到底能研究出什么来?很多时候,我不知路在何方。倘若没有他们的真知灼见步步引导,说不定慈城年糕的研究只能成为一个梦想。此时此刻,我要感谢他们。我还要感谢市委宣传部和市文联的王桂娣、何微、陈三俊、张乃经、景松健,江北部的江鲁、丁培人、张兆康、胡岳金、周少植、翁坚军、诸有为等对我的帮助与支持。因为有他们的关心、鼓励,我的这本书才迈出成功的第一步,并持之以恒而画上圆满的句号。

年糕的研究涉及诸多的艺术门类,有道是"隔行如隔山"。我不会忘记拍摄年糕烟画的情景,那是在三十七八度高温的暑天,我约了摄影家史凤凰自驾去上海,可伴随我们七年多的小别克偏偏在高架上"罢工",烈日下的车厢霎时成了蒸笼,汗水滋滋透过肌肤往外流……一天的炎热,一天的劳累,为的就是为本书增配三张彩图;我不会忘记

慈城年糕的文化记忆

慈城摄影家沈国峰的朴素笑容,一百五十多套(块)年糕模板的不同组合,需要按多少次的快门哟;周尧根曾是我的摄影老师,每创作一幅插图,年逾古稀的他总拿来画稿,并询问我的意见……此时此刻,我要感谢他们以及杨旭、冯冰峰等,他们的帮助,使这本书增添了艺术色彩。

年糕模板是年糕文化的精华。所幸的是,三十多年前,宁波就有了收藏年糕模板的有心人。这位有心人曾让我做介绍人,欲将自己的收藏转让给慈城镇。后来慈城镇受让不便,而我正需要大量的年糕模板,两厢情愿,两全其美,我收藏了这批模板。

楼正梁是众多被调查对象之一,他除了口述对于慈城年糕及祖传的模板记事,还帮我寻找年糕模板雕刻艺人的后代,从而丰富了有关模板的口述资料。有的被调查者还送来了年糕模板。这些模板虽已被虫蛀得惨不忍睹,然因收藏人的故事抑或记载的文字于年糕的研究显得十分的珍贵。此时此刻,我要感谢他们,以及竺惠民、徐小涛、张介人等,他们的热心帮助和收集,丰富了我的年糕模板收藏。我要感谢胡金芳、纪平、冯一敏、周文宝等提供年糕模板供拍摄,这使我看到更多实物,并通过实物让我了解到农耕时代的民间表情。

《慈城年糕的文化记忆》创作,引用了大量文献资料。我要感谢现代网络,网络的联系广泛和高速极大地方便了有关年糕文献的购买,这使我获得较为全面的史料。宁波的地方文献查找,除了藏书外,一是由文友提供查阅线索,一是在宁波档案馆、包玉刚图书馆管理人员帮助下进行。这期间,我得到张如安、南志刚、谢永刚、潘丽芬、汪兰等人帮助。王雷,是未曾谋面的宁波文友,他爱好地方文献收藏、研究,开题之初我向他求助,他替我查找后,寄送描写老慈溪市井风俗的《龙江竹枝词》等文献的复印件,又不断

后 记

提供相关资料的线索;《清俗记闻》译著者孙玄龄定居在日本,我是通过中华书局李肇翔编辑(李编辑也素不相识)提供的网址进行的网络联系,这样我又多了一个帮助自己的文友;后几次的修改稿,拟增设"海外年糕"有关内容,我求助朋友日籍华人卢杰提供日本的打年糕照片,不仅如愿以偿,又得到他与中日友人一起打年糕的口述材料;我不会忘记两年前的腊月三十,时任市图地方文献资料负责人的何玉娟陪我查阅馆藏文献的情景:戴着白手套的她一次又一次捧着一摞摞发黄文献堆放到桌上,窗外的鞭炮声越来越密,而何先生不急不躁……之后,何先生差不多有求必应,本馆没有的资料,她就利用她的人脉关系和图书馆网络尽可能帮助查找,节省了我不少查阅时间;本书还采用了著名连环画家贺友直的两幅打年糕图。画稿信息是文友谢永刚提供的。当打电话征求贺先生的意见时,我听到了熟悉的乡音:"宁波人的东西自然要给宁波人用。"都说世风日下,人情淡薄,而我却得到那么多熟悉或不熟悉的师长、友人的无私帮助,这难道不是年糕之幸吗?

年糕之幸还有很多,这一研究选题分别被列为2009年宁波市文联重点创作项目和2010年宁波市文化精品工程项目,这使得原本的地下研究浮出水面;中共江北区委宣传部、江北区文联又邀请十余位省、市专家举办了专题创作研讨会;慈城镇尽可能为我的田野调查创造条件……年糕研究,历时三年,数易其稿,一次又一次的审读,一次又一次的修改,旨在创作一部具有时代性、艺术性,较为全面的调查报告。随着年糕研究的深入我越发感觉到:了解我们的文化,尤其是散落在广袤大地上的民间文化,不知的永远比知道的要多。在20世纪90年代初期每年举办的年货展览会上,慈城年糕都被宁波市民抢购,我原想找一张表现当时情景的老照片,然而查阅宁波群艺馆等馆藏的老

照片无果;通过接龙形式征询了宁波的大多数摄影家,龚国荣翻箱倒柜查找,都没有找到,这是年糕研究中的一个小遗憾,尽管如此,我仍要向他们致谢。我还要感谢四十多位被调查对象,他们至少接受了我的两次采访、电话或面谈;随着研究主题的深入,我来来回回十余次,倘若没有他们不厌其烦接受我的访问,就没有慈城年糕的田野调查,在此我要向他们致以诚挚的谢意,还有感谢何培培、孙朝龙、汪佳丽为图片修改、文稿装订、传递年糕模板所付出的辛劳。总而言之,这部书的创作、出版离不开熟悉抑或不熟悉的师长、朋友、同事的无私帮助。

最后,我还要感谢向云驹为本书作序;要感谢参加第二届中华慈孝节的中国民协副主席曹保明,专门口述流传东北的有关年糕的民间传说;要感谢卓挺亚对本书的精心编辑。